Réclam. admin. du 1ᵉ

GUIDE

DES

ÉTRANGERS

DANS LE MUSÉUM

D'HISTOIRE NATURELLE

PUBLIÉ

AVEC L'AUTORISATION DE L'ADMINISTRATION

Prix : 1 fr. 25 cent.

SE VEND DANS LE MUSÉUM

ET

A LA LIBRAIRIE Vᵛᵉ L. CURMER

47, RUE DE RICHELIEU, 47

PETIT

MISSEL ILLUSTRÉ

{CONTENANT

LES PRIÈRES DU MATIN ET DU SOIR

LA MESSE

LE TE DEUM ET LA MESSE DE MARIAGE

50 Livraisons à 2 fr. 50 c.

GUIDE

DES ÉTRANGERS

MUSÉUM D'HISTOIRE NATURELLE

IMPRIMERIE J. CLAYE
RUE SAINT BENOIT 7
LABOR
PARIS

GUIDE

DES

ÉTRANGERS

DANS LE MUSÉUM

D'HISTOIRE NATURELLE

PUBLIÉ

AVEC L'AUTORISATION DE L'ADMINISTRATION

PARIS

LIBRAIRIE Vve L. CURMER

47, RUE DE RICHELIEU, 47

AVERTISSEMENT

L'administration du Muséum d'histoire naturelle, re-
constituée en 1863, est confiée à seize professeurs, nommés
en vertu de la loi organique du 10 juin 1793.

La Ménagerie est ouverte au public *tous les jours*, de
11 heures à 5 heures, du 1er mars au 31 octobre; et
de 11 heures à 4 heures, du 1er novembre au 31 mars.
Elle reste ouverte le dimanche jusqu'à 6 heures, du
1er avril au 1er septembre.

Les Galeries de Zoologie, de Botanique, de Minéralogie
et d'Anatomie sont ouvertes au public les mardis et jeudis,
de 2 heures à 5; et les dimanches, de 1 heure à 5, et sur
la présentation des passe-ports ou de billets d'entrée, les
mardis, jeudis et samedis, de 11 heures à 2 heures.

Du 1er novembre au 1er mars, les Galeries sont fermées à 4 heures.

Les deux grands Pavillons des Serres et les autres parties peuvent être visités par les personnes munies de cartes spéciales, les lundis, mercredis et jeudis, de 10 à 2 heures, et de 3 à 6 heures ; les mardis et vendredis réservés aux artistes, avec des cartes d'artistes.

La Bibliothèque est ouverte tous les jours, le dimanche excepté, de 10 heures du matin à 3 heures, sauf à l'époque des vacances, au mois de septembre.

Les personnes qui désirent visiter cet établissement aux jours et heures où il n'est pas ouvert au public, doivent se présenter au bureau de l'Administration et exposer les motifs qui leur donnent droit à cette faveur. Là sont délivrées des cartes sur la présentation desquelles elles seront admises à visiter :

1° Les Galeries de Zoologie, d'Anatomie, de Botanique. de Géologie et de Minéralogie, les *mardis, jeudis* et *samedis*, de 11 heures à 2 heures ;

2° Les Serres, les *lundis, mercredis* et *jeudis*, de 10 heures à 2 heures, et de 3 heures à 6 heures ;

3° Les Animaux vivants, tous les jours, d'une heure à quatre.

Pour les étrangers, il leur suffit de présenter leur passe-port pour être admis dans l'intérieur des Galeries. Il est bon de rappeler, ainsi que cela est indiqué sur les cartes et sur de nombreux écriteaux, que *tout est gratuit* dans l'établissement, et qu'il est défendu aux gardiens de demander et de recevoir aucune rétribution des visiteurs.

Les voitures de place mettent un quart d'heure pour aller de la place du Palais-Royal à la grille d'Austerlitz, quand elles sont à la course ; quand elles sont à l'heure, elles mettent environ 25 minutes.

Des voitures de ce genre stationnent dans la rue Geoffroy-Saint-Hilaire et à la grille d'Austerlitz, débarcadère du chemin de fer d'Orléans. Les omnibus passent à chaque instant devant ces deux issues pour aller dans tous les quartiers de la ville, ainsi qu'aux différents embarcadères des chemins de fer.

Avant d'entrer dans la *Vallée-Suisse,* les personnes qui veulent laisser aux habitants de la Ménagerie un bon souvenir de leur visite ne doivent pas manquer de se munir de quelques petits pains de seigle, pour lesquels le miracle de la multiplication deviendrait nécessaire si elles voulaient faire l'aumône à tous les  mendiants velus ou emplumés qu'elles trouveront sur leur passage. Le concierge de la grille d'Austerlitz tient des rafraîchissements doux et des gâteaux. Des marchandes

de gâteaux sont aussi dans le jardin. Il s'en trouve une
en face des Serres tempérées, au bout de l'avenue des
marronniers qui borde à droite le Jardin-Bas. Une autre
se tient dans l'avenue de tilleuls parallèle à celle dont
nous venons de parler. Une troisième est établie sous le
beau platane qui est au coin de l'Amphithéâtre, en face
de la porte d'entrée de la Vallée-Suisse, et à côté de
la fosse aux Ours. Deux autres enfin étalent leurs mar-
chandises aux portes d'entrée de la Vallée-Suisse.

Cabinets inodores. — Ils sont situés près de la grille
de la rue de Buffon, et dans la Ménagerie, près des animaux féroces.

PONT D'AUSTERLITZ.

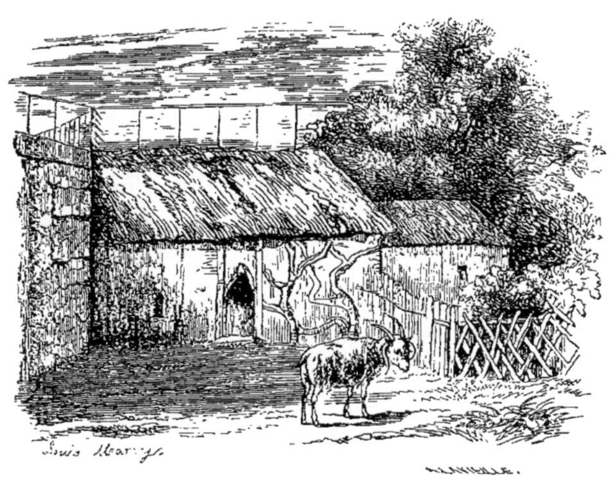

TOPOGRAPHIE GÉNÉRALE

ET

DESCRIPTION SOMMAIRE DU JARDIN
ET DES BATIMENTS

Il est impossible de visiter avec profit un établissement tel que le Muséum, si, avant de l'examiner dans ses diverses parties, on ne s'est fait une idée de l'ensemble. L'étranger qui met le pied pour la première fois dans cet immense jardin et qui aperçoit autour de lui tous ces vastes bâtiments, ces bosquets, ces parterres, ces cabanes, ces longues allées où la vue se perd ; l'étranger, disons-nous, doit donc se trouver fort embarrassé. — De quel côté se diriger? — Sur quel objet fixer d'abord son attention? — Par où commencer? — Par où finir? — Comment se reconnaître dans ce dédale?

Nous voulons, Lecteur, vous prendre tout à l'heure par la main et vous conduire à travers les merveilles rassemblées autour de vous, afin que vous ne perdiez rien du plaisir que leur vue peut vous procurer, et qu'en sortant du Muséum vous puissiez vous dire avec confiance et satisfaction : J'ai tout vu; — je le connais. — Encore ne sera-ce pas, sans doute, après une seule visite. Il vous faudra bien deux ou trois promenades consciencieuses; — des promenades d'un véritable amateur, faites méthodiquement, vous suffiront largement pour atteindre ce résultat sans fatiguer outre mesure vos jambes ni votre esprit. — Le monde n'a pas été fait en un jour, et il faut aussi plus d'un jour pour le parcourir. Eh bien, le Jardin des Plantes, c'est, pour ainsi dire, une *réduction* de l'univers. C'est le résumé de la Création, animaux vivants et morts, minéraux, plantes de toute nature et de tous pays, tout est là. La capitale du monde civilisé n'a pas de plus merveilleux spectacle ; en vain chercheriez-vous à Paris rien de plus intéressant, de plus éternellement beau. Chose rare et cent fois heureuse, le local qui renferme tant de trésors est, de tous points, digne de sa destination : ce serait encore la plus charmante promenade, si ce n'était le plus magnifique musée. L'ordre le plus parfait y règne au sein de la richesse et de la variété ; chaque chose y est à sa place; mais le tout est de connaître cette place. Avant donc de s'engager dans une pérégrination suivie, à la recherche des objets vers lesquels votre curiosité vous pousse de préférence, il est indispensable de contempler quelques instants l'ensemble du pays, de recon-

naître les grandes lignes, de fixer des points de repère, afin
de pouvoir ensuite vous orienter et vous diriger.

Nous allons essayer de dresser sommairement pour vous
l'état des lieux, et de vous donner du monument que vous
allez visiter, cette idée synthétique que nous n'avons acquise,
nous, qu'à la suite d'une laborieuse analyse.

Le Jardin des Plantes, successivement agrandi, débarrassé
des entraves qui le gênaient, couvre, aujourd'hui, une étendue
de quarante-cinq hectares environ. Dégagé de tous les côtés,
il a pour limites : à l'est, le quai Saint-Bernard ; au sud, la rue
de Buffon ; à l'ouest, la rue Geoffroy-Saint-Hilaire, qui le
sépare de l'hôpital de la Pitié ; au nord, la rue Cuvier.

Bien des portes donnent accès dans le Jardin ; entrez de
préférence par la porte d'Austerlitz : c'est la porte principale,
l'entrée d'honneur ; son nom est moderne, sa date ancienne.
De la grille qui la ferme, vous jouissez d'un coup d'œil imposant, votre regard embrasse toute la profondeur du Jardin ;
les bâtiments du Cabinet d'Histoire naturelle apparaissent au
loin, précédés d'une forêt d'arbustes et de plantes que bordent
et dominent, de chaque côté, de superbes allées de tilleuls ;
vers le milieu de leur développement, ces belles allées présentent plus de hauteur ; c'est qu'à partir de là elles sont
l'œuvre de Buffon, et remontent à 1740 ; le reste a été planté
plus tard.

CARRÉS. — Voyez, devant vous, l'immense espace compris
entre les allées : il est occupé par une suite de Carrés de
plantes (*n° 96 du plan*), tous limités par des treillages en bois
ou en fer, entourés d'arbres ou d'arbustes, consacrés chacun
à une destination spéciale, et ouverts généreusement à l'étude.

Dès votre entrée dans le Jardin, vous trouverez la bienfaisance unie à la science ; le premier Carré qui s'offre à vous est celui des plantes médicinales : c'est l'officine du pauvre, tout s'y délivre gratuitement.

Au delà, toujours en face, sont les Carrés du Potager et des Plantes usuelles (*n° 95 du plan*) ; puis les Carrés Creux (*n° 94 du plan*), qui présentent un bassin de verdure : autrefois, ils étaient remplis d'eau et servaient aux plantes aquatiques, que nous retrouverons ailleurs. Viennent ensuite le

Carré du Fleuriste (*n° 93 du plan*) et les Carrés Chaptal (*n° 92 du plan*), séparés par un bassin circulaire ; on y cultive les plantes étrangères herbacées vivaces.

En suivant, de la porte d'Austerlitz, où nous nous sommes tenus en entrant, cette longue série d'enceintes verdoyantes, votre œil atteint la grille qui sépare le jardin de la cour du Cabinet d'Histoire naturelle. Mettons-nous en marche maintenant ; commençons un voyage qui sera trop varié pour devenir ennuyeux, et où l'intérêt nous soutiendra contre la fatigue, si elle se faisait sentir.

Dirigez-vous à gauche, et entrez sous l'une des deux allées de tilleuls : en la parcourant dans toute sa longueur, vous aurez, à droite, les Carrés du milieu, dont je vous parlais tout à l'heure ; à gauche, et dans des enceintes semblables, le long de la grille de la rue de Buffon, les Carrés du Printemps (*n° 101 du plan*), d'Été (*n° 100 du plan*), École des fruits à noyaux et ceux de l'automne (*n° 99 du plan*), les Carrés des Arbres verts (*bosquets d'hiver, n° 98 du plan*), puis le Carré des Semis de la pépinière (*n° 97 du plan*) : je vous les montre seulement et vous les nomme ; en ce moment nous nous promenons partout sans nous arrêter nulle part. Au bout du carré des semis de la pépinière, on s'abrite sous le premier Sophora du Japon qui ait fleuri en Europe, et sous le premier Acacia venu de l'Amérique septentrionale ; planté par Vespasien Robin en 1635, cet arbre vénérable est le père de l'innombrable postérité qui fait l'ornement de nos parcs et de nos jardins.

Passons. Le long bâtiment à deux frontons (*n°s 10, 11, 12 du plan*), qui s'étend parallèlement aux Carrés Chaptal, précédé d'une grille et de quatre petits carrés de fleurs, de gazon et d'arbustes, contient, sur un développement de cent quatre-vingts mètres, les Galeries de Botanique, puis celles de Minéralogie, enfin la Bibliothèque et les Salles pour les leçons de dessin et de peinture des plantes.

MAISON DE BUFFON. — Traversons la grille qui nous sépare de la cour. A gauche, cette maison à deux étages (*n° 21 du plan*), d'élégante et modeste apparence, c'est celle qu'habitait Buffon ; c'est là qu'il recevait les hommages de l'Europe savante, qu'il accomplissait ses immenses travaux, et traçait ses immortels écrits.

Dans toute la longueur des galeries de la cour, s'étend le bâtiment des Galeries d'Histoire naturelle (*n° 13 du plan*); vous visiterez à loisir ces trois étages de salles où s'étalent, dans un ordre parfait et une admirable conservation, toutes les richesses de ce qui a vécu jadis sous le nom de règne animal. Montez les quelques marches d'un escalier facile et orné de fleurs, et, vers votre gauche, vous suivrez une terrasse qui borde la rue, autrefois du Jardin-du-Roi, aujourd'hui rue Geoffroy-Saint-Hilaire.

FONTAINE GEORGES CUVIER. — A travers des massifs de verdure, vous descendez à un joli bassin couvert de lierre, qui reçoit les eaux d'un réservoir (*n° 19 du plan*). En face, à l'angle des deux rues, est une porte, et au delà vous voyez une fontaine monumentale chargée des attributs de l'Histoire naturelle ; elle porte le nom de Cuvier. Mais ne sortons pas du Jardin, nous avons encore tant à y voir !

GRAND LABYRINTHE. — Prenez le premier chemin que vous verrez s'ouvrir entre les massifs; il vous introduit dans la partie haute du Jardin ; des allées sinueuses pratiquées avec

art, peuplées de toutes les variétés d'arbres verts, forment le
Grand Labyrinthe, délicieuse promenade où votre œil est
charmé, votre intelligence instruite, votre cœur ému. Ici, vous
rencontrez le chêne vert d'Orient, les ifs et les pins d'Italie,
plantés par Tournefort en 1698; le majestueux cèdre du Liban
(*n° 87 du plan*), ce témoin séculaire du passé, qui a couvert
de son ombre des générations de visiteurs. Tout près de cet
arbre orgueilleux se cache le modeste monument élevé à Daubenton (*n° 86 du plan*); une simple colonne, des plantes, du

soleil, de l'air et de l'ombre, le voisinage des collections, voilà
bien la tombe de l'homme qui a voué une longue et paisible
vie à l'étude de la Nature.

Engagez-vous dans les spirales du Labyrinthe, elles vous mèneront au sommet de la colline : vous y jouirez du panorama de Paris (*n° 85 du plan*); vous le contemplerez à votre aise, assis sur les bancs du Kiosque de bronze, belvédère admirablement placé, dont l'entrée porte cette inscription ambitieuse et puérile : *Horas non numero nisi serenas.* — Je ne compte que les heures sereines, — gravées autour d'un cadran solaire. — Ce genre de chronomètre, en effet, n'indique les heures que quand le temps est beau. On sait que, pour nos pères, une horloge ou une fontaine sans inscription latine était un meuble incomplet.

SERRES. — En descendant, repassez sous le cèdre, et un chemin qui vous donnera l'illusion d'un paysage des Alpes, vous conduira entre deux superbes pavillons vitrés (*n° 15 du plan*). Ces palais transparents sont les Serres chaudes, suivies, d'un côté, d'une longue ligne de Serres courbes, au devant desquelles s'élève la nouvelle Serre à deux pans, qui contient, à droite, les *Orchidées* (plantes parasites); à gauche, les *Fougères*; au centre, un *Aquarium,* pour les plantes aquatiques des pays chauds; enfin, au bas de ces trois Serres, la Serre à multiplication ; là, vivent, réchauffées par une hospitalité ingénieuse et savante, des milliers de plantes auxquelles notre soleil serait glacial et mortel. Elles sont immenses, ces Serres nouvelles, et pourtant elles sont déjà insuffisantes comme les carrés qu'elles protègent et qu'elles desservent; les bras de l'homme sont si petits quand ils veulent tenir toute la nature!

AMPHITHÉATRE. — Revenez un peu sur vos pas. Derrière les Serres, à droite, vous parcourez, sur une colline peu élevée, les allées pittoresques du Petit Labyrinthe (*n° 88 du plan*). A son extrémité septentrionale se dessine, comme une vaste corbeille rafraîchie par un jet d'eau, un gazon circulaire. D'élégants palmiers s'élancent à la porte du Grand Amphithéâtre (*n° 9 du plan*), dont cette pelouse semble être la gracieuse salle d'attente. Ces palmiers ont été donnés aux premières serres du jardin par Gaston d'Orléans, frère de Louis XIII. L'Amphithéâtre a quelque chose d'imposant dans

ses formes compliquées et un peu lourdes; il inspire le respect pour les grands hommes qui y ont professé, et pour la présence des hommes éminents qui y perpétuent les traditions de la science et du dévouement. Ce bâtiment fut commencé en 1782, sur les dessins de l'architecte Verniquet, auteur du plan de Paris.

A côté, une cour s'ouvre sur la rue de Cuvier; elle renferme les bâtiments de l'Administration et des laboratoires (*n° 8 du plan*).

MAISON DE G. CUVIER. — Derrière le grand Amphithéâtre, vous apercevez une de ces maisons, célèbre entre toutes, celle où a vécu Georges Cuvier; puis, tout près, à la portée et comme sous la main de ce grand naturaliste, les instruments ou plutôt le témoignage et les preuves de la science créée par son génie, les innombrables pièces d'anatomie comparée qui remplissent tout un musée renfermé dans

un vaste bâtiment (*n° 14 du plan*); plus tard, vous admirerez cette immense collection sans précédent et sans égale. Quant à présent, jetez seulement un coup d'œil sur la cour, ornée d'ossements trop grands pour trouver place dans les galeries, et du squelette monstrueux d'un Cachalot; saluez en passant le petit amphithéâtre annexé au Musée et d'où se sont répandues les lumières de la science inaugurée par Cuvier.

MÉNAGERIE ERPÉTOLOGIQUE. — Après quelques jolies habitations d'employés, se présente un petit édifice (*n° 29 du plan*), que l'on prendrait pour une serre ; approchez de son vitrage : vous reconnaîtrez, non peut-être sans quelque frémissement, le Musée erpétologique, séjour des Reptiles vivants, où les soins les plus intelligents et les plus courageux entretiennent la vie et permettent d'observer les mœurs du terrible Crotale, du Trigonocéphale, du Caïman, de la Vipère et d'une foule d'autres animaux, qui excitent tout l'intérêt de l'étude, tandis qu'ils n'inspirent au vulgaire que la frayeur ou le dégoût.

VALLÉE-SUISSE. — Passez la nouvelle galerie Erpétologique (*n° 20 du plan*), vous trouverez encore, à gauche, quelques habitations de modeste apparence, noyées dans des massifs de luxuriante verdure. Un beau carré d'arbres fruitiers (*n° 103 du plan*) aboutit à la porte du quai Saint-Bernard ; la grille qui longe le quai vous mènerait jusqu'à la porte d'Austerlitz ; n'allez pas si loin : suivez seulement le Carré d'arbres fruitiers qui borde le quai, et qui est séparé de l'autre par un beau parc (*n°ˢ 51, 52, 53 du plan*), où vous verrez courir à la fois nos Daims de France, le Daim de Grèce, le Kanguroo de la Nouvelle-Hollande. Maintenant, arrêtez-vous, et, tournant le dos à la rivière, regardez, dans la profondeur du Jardin, ces enceintes gazonnées, ces touffes d'arbres, ces treillages élevés, ces huttes, ces chalets, ces constructions de toutes grandeurs et de tous caractères, ces chemins sablés qui s'enfoncent dans toutes les directions ; cet ensemble si pittoresque, si attrayant, s'appelle, sans doute à cause de sa fraîcheur et de sa variété, la Vallée-Suisse ; il est bien entendu que vous n'y verrez ni vallons, ni montagnes, ni lacs, ni cascades, ni glaciers.

CAGES DES ANIMAUX FÉROCES. — Voici d'abord la Ménagerie des animaux féroces (*n° 28 du plan*) ; l'odorat, avant la vue, vous avertit de la présence de ces redoutables hôtes. Leurs loges, fortement grillées du côté du public, s'ouvrent

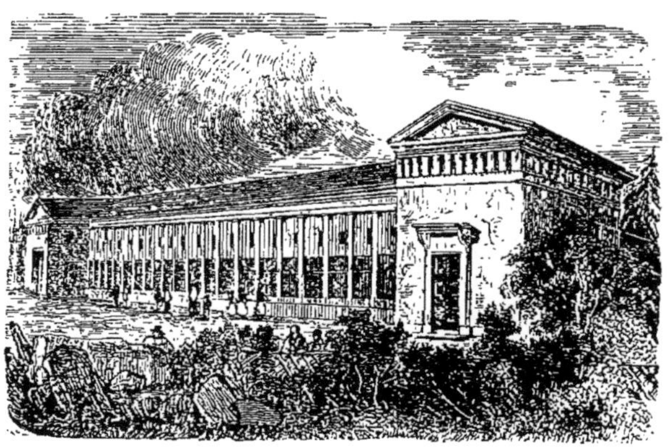

par derrière : toutes les précautions de sûreté sont prises. La Ménagerie n'est pas un objet de vaine curiosité ; un vaste terrain, qui en dépend, est consacré aux expériences physiologiques.

PARCS. — A gauche, et comme pour faire contraste aux farouches habitants des loges, de gracieux parcs, limités par des claires-voies, renferment des Moutons d'Astracan, des Cerfs de diverses espèces, des Zèbres, le Dauw et le Cerf

cochon, mammifères qui se multiplient facilement dans nos
ménageries. Prenez ensuite à droite ; après avoir traversé des
parcs de moutons d'Abyssinie, vous êtes devant l'immense
Rotonde où les Singes (*n° 27 du plan*) gambadent, jouent, gri-
macent et mangent ; on a appelé cela un palais : vous verrez
si ce n'est pas à la fois un gymnase, un réfectoire, un dortoir,
un théâtre ; après tout, qu'importe le nom ? A côté de ces
remuants quadrupèdes, un terrain et un bâtiment ont été
réservés pour les expériences physiologiques. Plus à droite
encore, vous avez devant vous la Fauconnerie (*n° 25 du plan*).
où derrière des grillages, à l'air et au soleil, perchent les
Oiseaux de proie de nos climats et des pays étrangers.
A droite de ce parc, se trouve (*n° 26 du plan*) le parc aux
Tortues.

FAISANDERIE. — Retournez-vous quelque peu, un plus
aimable spectacle vous attire : la Faisanderie (*n° 24 du plan*),
cet hémicycle de fil de fer, cette réunion de cages spacieuses,
retient prisonniers de beaux et pacifiques Oiseaux : le Faisan,
la Perdrix, la Colombe, le Rossignol, et cent autres ; un bassin,
qui se trouve placé derrière ce bâtiment et que vous pouvez
apercevoir de l'extrémité septentrionale de la volière, donne
l'hospitalité aux Oiseaux aquatiques précieux, tels que le Péli-
can, l'Ibis sacré.

ROTONDE. — Les captifs emplumés ne sont séparés que
par le parc aux Hémiones (*n° 62 du plan*), de la massive
Rotonde (*n° 23 du plan*), flanquée de pavillons, qui reçoit les
plus grands, ou les plus vigoureux, ou les plus délicats des
Herbivores. De ce square à bêtes, où une bonne police, avec
de larges poutres et de forts barreaux de fer, maintient l'ordre

et la tranquillité, sortent dans des parcs affectés à leur promenade, la Girafe élancée, le pesant Éléphant, l'utile et obéissant Chameau ; d'autres y figurent encore quand l'âge ou le climat leur permet de vivre pour notre plaisir et notre instruction.

Tout autour de la Rotonde s'étendent de grands parcs ombragés, divisés en nombreux compartiments, disposés selon les mœurs de leurs habitants; ici les Rennes, un peu plus loin les Cerfs de Virginie et le Bubale, les Couaggas; là les Autruches et les Casoars, et leurs voisins les Axis, et l'armée de nos oiseaux aquatiques, partageant leur mare et vivant en bonne intelligence avec de gros Buffles pacifiques; au delà les Moufflons et les Chamois, puis les Alpacas et les Cerfs du Malabar. Tous ces hôtes du Jardin, et d'autres que je ne puis seulement pas vous nommer, tant cette population est mobile : les Lamas, les Gazelles, etc., ont de charmants logis, commodes pour eux, pittoresques pour nous : devant les cabanes, les murs, les ruines, les huttes, ils peuvent se croire dans leur pays, et nous pouvons nous figurer que nous y sommes avec eux ; au Jardin des plantes, on devient cosmopolite.

FOSSES AUX OURS. — Vous devez, c'est une tradition constante des promeneurs, une station aux trois fosses à compartiments où l'on retient les Ours (*n° 30 du plan*). Leur pesante démarche amuse, on aime leur maladresse ; on excite leurs lourdes gentillesses par la gourmandise.

SERRES TEMPÉRÉES. — Nous voici à l'Orangerie (*n° 17 du plan*). Elle est spacieuse, simple, bien disposée; au devant, tournées vers le Midi, sont les Serres tempérées; deux enclos, bien abrités, renferment des couches et semis (*n° 89 du plan*).

Une avenue, parallèle à l'allée des tilleuls du côté droit, longe dans toute leur étendue les écoles de Botanique. Deux immenses rectangles, fermés par des grilles de fer, ouverts aux deux extrémités, entourés d'arbres rafraîchis par des bassins circulaires, contiennent de nombreux carrés où sont cultivées les innombrables plantes nécessaires à la belle science des Linné, des Jussieu.

L'enseignement y puise comme dans un réservoir intarissable et l'étude y trouve toujours un libre accès (*n° 90 du plan*). Dans une de ces enceintes s'élève le pin Laricio (*n° 91 du plan*). A l'extrémité des écoles de Botanique, on a logé les plantes aquatiques (*n° 102 du plan*), complément des richesses végétales du Jardin.

Nous voici revenus à notre point de départ, la grille d'Austerlitz. Vous pourriez maintenant, à la rigueur, recommencer sans nous votre promenade; nous vous accompagnerons encore pourtant, si vous le permettez, et nous vous servirons de *cicerone*, non pour vous indiquer la place et vous décliner les noms, qualités, propriétés de chaque animal, de chaque plante, de chaque objet; un gros volume ne nous suffirait pas, et, d'ailleurs, notre peine serait superflue, car l'Administration du Muséum ne laisse rien à désirer, sous ce rapport, à la curiosité des visiteurs, et ses hôtes animés et inanimés vous diront eux-mêmes, par l'écriteau placé devant leur cage, ou leur parc, ou leur vitrage, ou suspendu à leurs branches, ce qu'ils sont et d'où ils viennent; ils vous le diront en latin et en français, — en latin surtout, car c'est la vraie langue des savants; — mais nous vous accompagnerons, ne fût-ce que pour jouir de votre admiration, et pour vous faire les honneurs d'un établissement national dont nous avons le droit d'être fiers. Nous suivrons à peu près, dans cette exploration, le même itinéraire que dans notre première reconnaissance, mais nous ralentirons le pas, et nous nous arrêterons à notre gré devant les carrés, les parcs, les cages, etc. De plus, nous pénétrerons dans les Serres, dans les Galeries, et nous les parcourrons avec vous. Nous ne vous quitterons enfin qu'après nous être consciencieusement acquittés jusqu'au bout de la mission qui nous est dévolue.

ÉCOLE DE BOTANIQUE.

Les Carrés.

PARTERRE MÉDICINAL. — En face de nous, s'étendent quatre Carrés (*n° 96 du plan*) consacrés à la culture des plantes médicinales. Elles y sont déposées par bandes et étiquetées, pour que les herboristes, les cultivateurs et les étudiants en pharmacie puissent les examiner dans tout leur développement.

Le Carré qui vient à la suite du *Parterre médicinal* porte le nom de *Carré potager* (*n° 95 du plan*). On y cultive les plantes potagères et usuelles.

CARRÉ CREUX. — Le *Carré creux* (*n° 94 du plan*), au fond duquel il y avait, autrefois, un bassin destiné à la culture des plantes aquatiques qui devaient recevoir par infiltration les eaux de la Seine, est maintenant consacré à la culture des plantes à fleur dont on veut étudier l'effet pour l'ornementation des jardins.

CARRÉ FLEURISTE ET CARRÉ CHAPTAL. — Après le Carré creux, viennent le *Carré fleuriste* (*n° 93 du plan*), les *Carrés Chaptal* (*n° 92 du plan*), où l'on cultive les plantes d'ornement vivaces. Le parterre Chaptal doit son nom au ministre qui accorda les fonds nécessaires pour l'établir. Vous y pourrez admirer de longues lignes d'*Iris*, des *Pivoines*, des *Martagons*, des *Asters*, des *Dahlias*, des *Géraniums*, et de charmantes fleurs propres aux bordures.

CARRÉ POTAGER. — Dans le carré potager et des plantes

usuelles (*n° 95 du plan*), qui suit immédiatement le Parterre des plantes médicinales, les plantes ne sont point rangées selon une méthode botanique, mais par ordre de propriétés. Il y a des Carrés pour les plantes qui nourrissent l'homme, pour les plantes propres à servir de fourrages, et pour les plantes employées dans les arts. Là ce sont les céréales (*Froment, Avoine, Orge, Seigle, Maïs*); les Légumes farineux (*Haricots, Fèves, Pois, Lentilles*, etc.); les plantes potagères (*Patates, Topinambour, Scorsonère, Choux, Épinards, Oseille, Artichauts, Choux-Fleurs, Capucines, Courges, Melons*); les Semences ou les feuilles aromatiques (*Coriandre, Anis, Fenouil, Persil*); les plantes mangées en salade (*Laitue, Chicorée, Mâches*). Là sont aussi les plantes textiles (*Lin, Chanvre, Phormium tenax*); les plantes tinctoriales (*Garance, Pastel*); les Herbes à fourrages (*Graminées, Trèfles, Luzernes, Sainfoin*); enfin, le *Houblon*, le *Tabac*, le *Chardon à foulon*, qui ont un usage particulier.

L'École des plantes usuelles est une véritable *ferme-modèle* en raccourci. Chaque massif représente un champ destiné à chacun des Végétaux herbacés qui sont utiles à l'homme, et qui peuvent croître dans nos climats. On a soin d'alterner les cultures, pour ne pas mettre plusieurs années de suite les mêmes plantes dans le même terrain; cette *alternance* est fondée sur la propriété spéciale, appartenant à chaque plante, de ne puiser dans le sol que les matériaux qui lui conviennent, et de laisser ceux qui ne peuvent la nourrir, mais qui pourraient nourrir une espèce différente.

PÉPINIÈRE. — Sortons maintenant du Jardin pour visiter la Pépinière centrale, située dans les terrains dépendants du Muséum, qui se trouvent de l'autre côté de la rue de Buffon (*n° 100 du plan*). C'est là qu'on élève les Arbres, Arbrisseaux et Arbustes nécessaires pour garnir les différentes parties du Jardin. On y propage toutes les espèces intéressantes nouvellement introduites, ou non encore répandues dans le commerce, et l'on en donne de jeunes pieds aux correspondants du Muséum.

BOSQUETS. — En rentrant dans le Jardin par la porte de la rue de Buffon, nous arrivons, après avoir traversé le *Bosquet d'été* (*n° 100 du plan*), dans les succursales de la Pépinière. C'est d'abord un carré clos qui contenait autrefois exclusivement une collection des arbres dont les feuilles et les fruits se colorent pendant l'automne. De là son nom de *Bosquet d'automne* ; maintenant, c'est une école des Arbres à fruits à noyau, tels que Pruniers, Cerisiers et Abricotiers (*n° 99 du plan*).

Le carré qui fait suite à celui d'où nous sortons était primitivement consacré aux Arbres dont la verdure se conserve toute l'année. De là son nom de *Bosquet d'hiver* (*n° 98 du plan*); mais les Arbres verts n'y ont pas prospéré, et il n'en reste qu'un petit nombre. Ce carré sert maintenant à la propagation, par boutures, des Arbres et des Arbustes.

Le troisième carré, celui qui est le plus voisin du Cabinet de Botanique et de Minéralogie, est le *Carré des semis* de la Pépinière. Son nom indique assez sa destination, et nous allons retrouver tout à l'heure, à quelque distance de là, un autre enclos consacré aux couches et aux semis ; mais, pour y arriver, il nous faut traverser le Jardin Botanique du sud au nord, en passant entre le *Carré Chaptal* et le *Carré fleuriste*.

ÉCOLE DE BOTANIQUE. — De l'autre côté de l'allée septentrionale de Tilleuls, entre cette allée et celle des Marronniers s'étendent encore de vastes carrés (*n° 90 du plan*). Ils forment *l'École de botanique* proprement dite. C'est là qu'il vous faudrait entrer et passer de longues heures, si vous vous proposiez de vous approprier les secrets de la nature, en ce qui concerne l'organisation et le développement des Végétaux, si vous vouliez savoir ce que tant de grands hommes n'ont appris qu'à force de recherches, de voyages, de veilles, si vous aspiriez enfin à posséder cette vaste science qu'on nomme Botanique; mais telle n'est pas votre ambition, et je m'en félicite, car il me serait, hélas! impossible de la satisfaire, et force me serait de vous conduire d'abord à ce bâtiment modeste situé contre le mur de la rue Cuvier, entre les Galeries d'Anatomie ; c'est là que vous trouveriez, parmi les illustres professeurs qui l'habitent, un guide capable de vous conduire dans ces immenses carrés, et de vous initier aux mystères de science qu'ils recèlent.

Mais vos désirs sont modestes ou vos instants comptés, vos affaires vous appellent tout à l'heure loin de ce séjour, et vous voulez voir le plus rapidement possible ce que le Muséum offre de plus remarquable, en même temps que de plus facile à observer. Arrivons donc tout de suite aux Jardins des Semis et de Naturalisation (*n° 89 du plan*).

JARDIN DES SEMIS. — Le Jardin des Semis, destiné à entretenir et augmenter les richesses végétales du Muséum, n'existe que depuis 1786 ; Buffon en confia l'ordonnance à André Thouin, jardinier en chef. Dans cet enclos, abrité par sa position contre les vents et le soleil, on sème, on fait lever, on conduit jusqu'à l'époque de la transplantation, les Végétaux de tous les climats. La porte d'entrée est au bout de la

terrasse de soixante-dix mètres de long, qui occupe le devant de
la Serre tempérée. Pendant la belle saison, cette terrasse est
garnie des Arbres et Arbrisseaux qui ont passé l'hiver dans la
Serre : vous pouvez, de l'allée des Marronniers, jouir du coup
d'œil magnifique de cette exposition.

Dans ce jardin garni de châssis et de couches, les Plantes
sont distribuées d'après la nature du climat qui leur convient :
les unes sont constamment protégées par des châssis, et trouvent, dans des couches chaudes, la température de leur
patrie ; ce sont les Plantes *tropicales*. Les autres, qui appartiennent à des régions tempérées, sont abritées également
contre les vents du nord et les ardeurs du soleil. D'autres,
enfin, sont placées de manière à ne recevoir que quelques
rayons, le matin et le soir : ce sont les Végétaux des régions
polaires et des montagnes couvertes de neiges éternelles.

Dans le milieu de la plate-bande s'ouvre la porte du passage souterrain et voûté, qui conduit à l'École de Botanique,
en traversant sous l'allée des Marronniers.

JARDIN DE NATURALISATION. — Le Jardin de Naturalisation est à l'est de celui que nous venons de visiter ; il en est
séparé par une plantation de hauts Thuyas et un mur de clôture, au milieu duquel est la porte d'entrée ; sa largeur est
d'abord la même que celle du Jardin des Semis ; mais il se
rétrécit en allant vers l'est, ce qui rend sa forme irrégulière.
La face qui se présente au levant est destinée à recevoir, pendant l'été, la plupart des Arbres et des Arbustes de la Nouvelle-Hollande, qui ont passé l'hiver dans la Serre tempérée.
Ce Jardin est coupé transversalement par deux allées de
Thuyas, qui sont rapprochés les uns des autres, et sous les-

quels on élève en pots les Plantes qui croissent dans les forêts les plus épaisses, et ont besoin d'être cultivées à l'ombre. Le reste du Jardin est divisé en plates-bandes destinées à la culture des Plantes vivaces de pleine terre les plus intéressantes et les plus rares.

ÉCOLE DES ARBRES FRUITIERS. — Nous n'avons pas entièrement fini avec les Carrés. Il en est encore que je ne vous ai point montrés, parce qu'ils sont, pour ainsi dire, *dépaysés* et comme perdus dans l'encoignure nord-est de la Vallée-Suisse, près de la grille qui s'ouvre à la jonction du quai Saint-Bernard et de la rue Cuvier. Ces Carrés, que vous pourrez voir un peu plus tard, sont appelés *des Arbres fruitiers*. Les Végétaux qu'on y cultive occupent des planches différentes, selon la nature de leur fruit. Les Arbres ou Arbrisseaux dont le fruit est une *baie,* tels que les *Groseilliers,* les *Framboisiers,* les *Vignes,* les *Mûriers,* sont rangés dans la première division ; dans la seconde, se trouvent les Arbres dont le fruit est à *noyau,* comme les *Cerisiers,* les *Pruniers,* les *Pêchers ;* dans la troisième, sont les fruits à *osselets,* comme les *Néfliers,* les *Azeroliers,* les *Plaqueminiers ;* dans la quatrième, les fruits à *pepins,* tels que les *Pommiers,* les *Sorbiers,* et les fruits *juteux,* tels que la *Figue :* dans la cinquième, les fruits dont on mange seulement l'amande, qui est renfermée dans une coque : ce sont les *Pins,* les *Noisetiers,* les *Noyers,* les *Châtaigniers,* etc. La plupart de ces Arbres sont taillés en *quenouille,* mais nous trouverons au bas de la plantation quelques Pêchers et autres Arbres disposés en espaliers. En adoptant la taille en quenouille dans l'École des Arbres fruitiers, on n'a pas eu pour but d'indiquer la manière de conduire les Arbres pour leur faire produire beaucoup de fruits et pour les faire durer longtemps, on a préféré cette taille parce qu'elle économise le terrain, et met à portée de l'observateur les bourgeons, les feuilles et les fruits de l'Arbre, et fait pousser des *scions* plus longs et plus vigoureux, ce qui donne le moyen d'avoir un plus grand nombre de *greffes*.

Vous verrez dans cette plantation toutes les *variétés* d'Arbres fruitiers rapprochées les unes des autres selon leurs affinités, et vous pourrez facilement les comparer : les fruits des différentes saisons s'y succèdent depuis le mois de mai jusqu'au mois de novembre; ils y ont disparu dans certaines variétés, tandis qu'ils ne sont pas encore mûrs dans d'autres. On peut, en hiver, y étudier les caractères qui font distinguer les variétés par la couleur du bois et la forme des boutons : connaissance précieuse pour les cultivateurs, puisque c'est après la chute des feuilles que se font les plantations.

Mais nous sommes auprès de ces *Palais de Cristal* où les Plantes exotiques s'abritent des rigueurs de nos climats. Tirez votre carte de votre portefeuille, et entrons d'abord dans celui qui se trouve en face de nous.

Les Serres.

1° SERRES TEMPÉRÉES.

La grande Serre tempérée, communément nommée *Orangerie (n° 17 du plan)*, existe depuis soixante ans ; elle a soixante-dix mètres de longueur, huit mètres de largeur, neuf mètres de hauteur. La porte est large de trois mètres et haute de huit mètres, pour qu'on puisse aisément faire entrer et sortir les

Arbres. Il y a, sur le mur du fond, des poêles avec des tuyaux de chaleur, mais on n'y fait du feu que quand la température du dehors descend à quatre degrés au-dessous de zéro; les croisées s'ouvrant au midi, il suffit du moindre rayon de soleil pour entretenir une douce chaleur.

Les Arbres qu'on abrite dans la Serre tempérée sont originaires, les uns de l'Asie Mineure, de la Nouvelle-Hollande, de la Grèce et des autres contrées de notre hémisphère, dont le climat est semblable à celui de l'Espagne; les autres viennent

de climats aussi froids que celui de la France; mais comme leur été correspond à notre hiver, et qu'ils fleurissent pour la plupart pendant cette saison, on ne peut les laisser en pleine terre. Il en est cependant plusieurs dont on finira par retarder la floraison, de manière qu'ils puissent fleurir pendant l'été, et passer ensuite impunément l'hiver en pleine terre.

On loge les caisses dans cette Serre au mois d'octobre, on les en retire au mois de mai, on place les unes dans la grande allée transversale qui coupe l'*École de Botanique* et sépare la

Pépinière du *Carré Chaptal;* les plus petites sont disposées en amphithéâtre sur la terrasse qui est au devant de la Serre.

2° SERRES CHAUDES.

Nous venons de voir la grande Serre tempérée, nous allons visiter successivement les *Serres chaudes,* dont chacune a une destination particulière.

PAVILLONS. — Visitons d'abord les deux Pavillons de fer qui ont été construits depuis 1836; tous deux sont chauffés à la vapeur. Une grande chaudière est disposée derrière ces grandes Serres, et l'eau réduite en vapeur par l'ébullition vient circuler dans de gros tuyaux de fer qui règnent dans toute leur longueur.

Cette vapeur brûlante cède sa chaleur au métal, se condense par le refroidissement, et va couler dans un réservoir, où on la reprend pour la remettre dans la chaudière. Les tuyaux échauffés communiquent leur température aux couches d'air environnantes. Celles-ci, devenues plus légères, s'élèvent vers la région supérieure de l'édifice, et sont remplacées par des couches d'air plus froides qui se succèdent continuellement. Ce mode de chauffage est aride, malgré sa régularité, et l'atmosphère des pavillons n'imite qu'imparfaitement celle des tropiques, où les Végétaux sont rarement arrosés par de l'eau liquide, mais constamment baignés dans une vapeur tiède qui les humecte, en même temps qu'elle les échauffe.

La température du Pavillon oriental, dans lequel nous entrerons d'abord, est moins élevée que celle de son voisin. L'Arbre qui domine ici tous les autres, c'est l'*Eucalyptus glauca* qui appartient à la famille des Myrtes, et croît à la Nouvelle-Hollande; mais vous aimerez sans doute mieux examiner l'Arbre à thé de la Chine, le *Thea viridis,* et le *Papyrus,* dont les anciens faisaient leur papier, non point avec l'écorce, comme on le croit vulgairement, mais avec la tige divisée en feuilles minces dans le sens des fibres. Ce Pavillon est tapissé de Passiflores et d'autres Plantes grimpantes appartenant aux genres *Plumbago, Clématite, Thumbergia* et *Bignonias,* etc.

Le *Pavillon occidental* est aussi appelé *Pavillon des Palmiers.* Sa température est plus élevée que celle du précédent. Il contient les Plantes géantes originaires des zones torrides : le Bambou, la Canne à sucre, le Bananier, le Dattier, le Cocotier, etc. Tout près du vitrage exposé au midi s'élève une jolie fontaine ornée d'une Naïade en marbre blanc, et dans laquelle croissent quelques Plantes aquatiques rares, telles que le *Limnocharis Humboldti,* le *Nymphæa lotos* et le *Nym-*

phæa azuré. La Serre aux Palmiers a quinze mètres d'élé-
vation dans sa plus grande hauteur.

3° LES SERRES A DEUX PANS ET LES SERRES COURBES.

Ces bâtiments sont situés à l'ouest du *Pavillon des Palmiers,* dont ils sont séparés par une sorte de vestibule. Une
porte latérale donne entrée dans l'étage inférieur des Serres
courbes. Ne nous y arrêtons pas pour le moment. A peine y

aurons-nous fait trente pas que nous trouverons à gauche une
porte et un escalier par lequel on descend dans le compartiment du milieu des Serres à deux pans ou *Serres hollandaises.*
C'est là qu'on a récemment construit l'*Aquarium* dont je vous
ai parlé plus haut. C'est un grand bassin d'un mètre environ
de profondeur. A la surface s'épanouissent les immenses
feuilles circulaires du *Victoria regia* et de l'*Euryale ferox;* ces

dernières sont hérissées d'épines sur leur face supérieure. Vous admirerez aussi sur l'*Aquarium* les belles fleurs rouges, .bleues, blanches des *Nymphæas*.

A droite de l'*Aquarium* se trouve, nous l'avons dit, le compartiment affecté aux Plantes *Orchidées*, et à gauche celui des *Fougères*.

La Serre courbe est, comme la Serre Hollandaise, divisée, dans ses deux étages, en trois compartiments. L'étage inférieur, appelé *Serre creuse*, est chauffé à une plus haute température que l'étage supérieur. Il contient surtout des Plantes originaires de l'Amérique méridionale. Nous citerons entre autres le *Jatropha manihot*, Euphorbiacée dont toutes les parties sont âcres, excepté la racine qui fournit abondamment

la fécule si justement estimée des gourmets sous le nom de
Sagou. Mais montons dans l'étage supérieur, et là nous trouverons, en outre d'une multitude de Plantes grasses ou *cras-
sulées*, l'*Euphorbia canariensis*. Que le jardinier fasse, avec
sa serpe, dans le tronc de cette Plante, une légère incision,
nous en verrons aussitôt découler un suc laiteux, tellement
âcre et vénéneux, qu'une seule goutte, placée sur la peau,
y produit l'effet d'un caustique violent. C'est dans ce suc que
les Sauvages trempent les pointes de leurs flèches pour en
rendre les blessures mortelles.

Bien d'autres Plantes encore, dans ces forêts artificielles
mises sous verres, pourraient attirer longuement notre attention ; mais le temps nous presse, et puis, pour nous qui ne
sommes pas des nègres, un séjour prolongé dans cette atmosphère humide et chaude est insupportable : cela peut aisément
tenir lieu de bain de vapeur.

CÈDRE DU LIBAN. — Sortons donc, et pour nous remettre,
pour rétablir le jeu de nos poumons, gravissons le chemin
qui s'ouvre entre les deux Pavillons, et allons nous asseoir un
instant sur le banc qui entoure l'énorme tronc du grand
Cèdre du Liban. Pour utiliser cet instant de repos, permettez-
moi de rectifier une erreur presque universelle, que vous
partagez très-probablement, sur la foi du *consentement una-
nime,* au sujet de cet Arbre fameux. Tout le monde vous dira,
et vous direz comme tout le monde, que le Cèdre du Liban a
été apporté d'Afrique en France dans un chapeau, par Bernard
de Jussieu. Il n'en est rien : ce célèbre naturaliste le rapporta
seulement d'Angleterre, en 1734. M. Sloanes, directeur du
Jardin Botanique de Kiew, lui avait donné deux tout petits

Cèdres, plantés chacun dans un petit pot de la grandeur d'un verre à boire. Revenu à Paris, Bernard se rendit au Muséum,

portant à la main les précieux échantillons. En traversant la place Maubert, il en laissa tomber un. Le pot se cassa ; Bernard mit alors dans son chapeau le Cèdre avec la motte de terre qui en enveloppait les racines, et il rentra ainsi au Jardin des Plantes. C'est ce simple accident qui a donné lieu à la fable si généralement accréditée ; — d'où l'on voit que, comme le dit Voltaire, *il y a toujours quelque chose de vrai dans un*

mensonge. Or, des deux jeunes Cèdres rapportés par B. de
Jussieu, l'un, — on ne sait lequel, — fut planté dans l'École

Botanique ; il y mourut, et il est remplacé par le Pin Laricio.
L'autre, planté sur la colline du Labyrinthe, est devenu ce que
vous le voyez, un grand et robuste vieillard de cent et
quelques années.

Maintenant que nous sommes reposés, redescendons le
chemin que nous venons de gravir il y a peu d'instants, et
traversons de nouveau le Jardin entre les Carrés fleuristes et
le Carré Chaptal, puis, parvenus à la seconde allée de Tilleuls,

tournons à droite, et entrons par la première grille de ce long bâtiment qui s'élève à notre gauche : pour en finir avec les Plantes, il nous reste à visiter les *Galeries de Botanique*.

Les Galeries de Botanique.

Ici, vous allez mesurer d'un coup d'œil les services rendus à la science par ceux qui récoltent des Plantes, ceux qui les décrivent, ceux qui les classent, ceux qui étudient la structure intime et les fonctions de leurs organes.

HERBIERS. — Montons d'abord, par cet escalier particulier, dans la Galerie des Herbiers, où l'on n'entre pas sans une permission spéciale, et dont les savants conservateurs répondront à toutes vos questions avec une indulgente aménité. Cette Galerie est la *Nécropole* du Règne végétal ; vous allez y voir les plus belles Plantes réduites à l'état de momies ; mais, quoique aplaties sur du papier, vous pourrez encore reconnaître leurs formes extérieures et même le *port* qu'elles avaient pendant leur vie.

Sur les côtés de la Galerie est l'Herbier général, renfermant un échantillon de chacune des espèces contenues dans les Herbiers particuliers ; ceux-ci occupent les dix Cabinets latéraux où nous allons tout à l'heure entrer. Le fond de cet Herbier général est composé de l'ancien Herbier de Vaillant, dont toutes les Plantes étaient étiquetées de sa main, avec la synonymie des auteurs connus de son temps, et l'indication du lieu où la Plante avait été recueillie. Il y avait aussi dans cet Herbier plusieurs Plantes envoyées à Vaillant par des botanistes et étiquetées de leur main. Les écritures étant connues, lorsque ceux qui ont envoyé des Plantes les ont publiées dans leurs écrits, on a une synonymie incontestable. Desfontaines a joint à chacune de ces Plantes, sur une étiquette particulière, le nom systématique moderne le plus sûr et le plus connu, les échantillons ont été comparés avec ceux des Herbiers de Lamarck et de Jussieu. On a tenu séparé de cet Herbier classique celui de Tournefort, qui occupe à droite et à gauche l'entrée de la salle.

Les dix Cabinets latéraux qui s'ouvrent sur la Galerie nous offrent les Herbiers particuliers, disposés selon l'ordre géographique.

Dans le premier Cabinet est l'Herbier de *France,* formé par les botanistes peu nombreux de nos départements, et surtout par l'illustre de Candolle, dont les travaux sont si appréciés du monde savant. Ce Cabinet renferme aussi les Plantes des autres contrées de l'*Europe,* envoyées par MM. Tenore, Boissier, Boué, Robert, Bory de Saint-Vincent, Martius, Reichenbach, etc. Dans le second Cabinet est l'Herbier de l'*Afrique septentrionale* et des *îles Canaries;* il est dû à MM. Bové, Steinheil, Riedlé, Ledru, Webb. Dans le troisième Cabinet, nous trouvons l'Herbier de l'*Afrique tropicale :* MM. Perrotet, Leprieur, Heudelot, ont fait celui de la Sénégambie; MM. Dillon et Schimper, celui de l'Abyssinie. Le quatrième Cabinet renferme les plantes de l'*Afrique australe :* celles du cap de Bonne-Espérance ont été récoltées par MM. de Lalande, Ecklon, Drège; celles de l'île Bourbon, de l'île de France, par MM. Dupetit-Thouars, Commerson, Richard; celles de Madagascar, par MM. Commerson, Dupetit-Thouars,

Chapelier. Le cinquième Cabinet contient l'Herbier de l'*Australie*, que nous devons à MM. Riedlé, Leschenault, Guichenot, Blume, Perrotet, Robert Brown. Dans le sixième Cabinet sont les Plantes des *Indes orientales*, recueillies par MM. Leschenault, Macé, Jacquemont, Wallich, Wight. Le septième Cabinet contient les Herbiers de l'*Asie Mineure*, de l'*Arabie*, de l'*Égypte*, de la *Perse* et de l'*Empire russe* : Olivier et Bruguière ont exploité l'Asie Mineure, la Perse et l'Égypte ; MM. Bové, Schimper, Botta, l'Arabie ; MM. Fischer, Bunge, Ledebour, l'Empire russe. Le huitième Cabinet renferme les Plantes du *Chili*, recueillies par MM. Cl. Gay, Bertero, Dombey. Dans le neuvième Cabinet sont les Herbiers du *Pérou*, du *Brésil* et de la *Guyane* : MM. Dombey, d'Orbigny, Humboldt et Bonpland ont recueilli les Plantes du Pérou ; MM. Poiteau, Leprieur, Perrotet, celles de la Guyane ; MM. Commerson, A. de Saint-Hilaire, Gaudichaud, Guillemin, Claussen, celles du Brésil. Enfin le dixième Cabinet contient les Plantes du *Mexique* et de l'*Amérique septentrionale*. Nous devons l'Herbier du Mexique à MM. l'Herminier, Poiteau, Plée, Perrotet ; et celui de l'Amérique du Nord à MM. Michaux, Leconte, Castelnau, Lapilaye.

GALERIE PUBLIQUE. — Redescendons dans la Galerie du rez-de-chaussée, qui est ouverte au public. Le vestibule est magnifique ; au-dessus de ses portes opposées sont deux immenses feuilles de *Palmier-Parasol*. Le long des murailles sont quelques échantillons de Fougères arborescentes. En voici une qui est bifurquée, disposition tout à fait exceptionnelle dans le tronc des Plantes de cette famille. Cette autre Fougère gigantesque a été partagée en deux moitiés longitudinales. Voici un *Ravenala* mort, espèce dont vous avez vu dans les Serres un individu vivant : on le nomme à Madagascar l'*arbre du voyageur*; ce nom est justifié par la disposition de ses feuilles qui offrent au voyageur altéré un réservoir plein d'eau claire et limpide. Vous voyez aussi quelques Palmiers, dont un est rameux, anomalie non moins rare que dans les Fougères; parmi eux se trouve le Dattier, que vous connaissez déjà. Remarquez cette tige de Palmier qu'entourent de mille bandelettes entrelacées les racines aériennes d'un arbre que l'on suppose être un Figuier. Vous voyez que ces bandelettes n'ont produit aucune impression sur le tronc du Palmier, qui ne croît pas en grosseur. Si c'eût été un arbre dicotylédone, dont l'accroissement se fait en hauteur et en diamètre, la pression de ces racines eût donné lieu à des bourrelets considérables. Voici un Orme des environs de Paris, qui a été foudroyé, et dont la foudre a divisé les faisceaux fibreux.

Au centre de ce vestibule s'élève la statue d'Antoine de Jussieu, due au ciseau de M. Legendre-Héral. L'illustre professeur est représenté dans son costume officiel, méditant sur les caractères d'une Plante qu'il vient d'examiner à la loupe.

Peut-être serait-il à désirer que les ornements de ce genre fussent plus multipliés dans le Muséum. C'est un digne hommage à rendre aux hommes illustres que de transmettre leurs traits à la postérité. A. de Jussieu, Buffon et Cuvier, sont jusqu'à présent les seuls naturalistes dont le Muséum possède les statues.

Entrons dans la Galerie de Botanique. Nous trouvons devant le meuble du milieu un bloc de bois pétrifié, recueilli dans la *Vallée de la Désolation,* qui s'étend du Caire à la Mer Rouge. Sur la table de ce meuble est la collection de Champignons imités en cire, dont une partie a été donnée par l'empereur d'Autriche. A gauche, dans les Cabinets, sont des bois vivants de tous les pays, et dont plusieurs offrent des coupes différentes, qui montrent l'organisation des tiges. Nous trouvons aussi, dans ces Cabinets, les tiges dont la partie fibreuse forme un tissu naturel; tel est le *Lagetto* ou *Bois-Dentelle.*

Les travées, séparant les Cabinets à droite et à gauche, renferment la collection des fruits indigènes et exotiques, desséchés ou conservés dans l'esprit-de-vin. Dans les Cabinets qui occupent le côté droit de la Galerie sont rangés les végétaux *fossiles,* dont M. Ad. Brongniart a écrit l'histoire.

LA VALLÉE SUISSE, LA MÉNAGERIE.

On donne le nom de *Vallée Suisse* à toute la partie du Jardin comprise entre la grande allée de Marronniers du Jardin Botanique, au sud, le quai Saint-Bernard à l'est, les

bâtiments rangés le long de la rue Cuvier au nord, et le petit Labyrinthe à l'ouest. Ce nom lui vient de son aspect champêtre, des grands Arbres qui l'ombragent, et des nombreux

Chalets ou cabanes agrestes qu'elle contient et qui servent de demeure à la plupart des Animaux herbivores.

Au Muséum, les Animaux vivants sont groupés par catégories et pour ainsi dire par familles naturelles. A la *Singerie,* on met les Singes et les Makis; au bâtiment plus rapproché de la Seine, les *Animaux féroces,* c'est-à-dire les Mammifères carnassiers.

Quelques Ours, insensibles à nos variations de température, habitent dans de grandes fosses creusées sur la limite du Jardin de la Ménagerie et du Jardin botanique. Là vivent l'éternel et célèbre Martin (qui ne monte plus à l'arbre), l'Ours noir américain et l'Ours blanc des mers glaciales (*n° 30 du plan*). On a construit récemment dans les fosses de vastes bassins où l'eau se renouvelle constamment, et dans lesquels les Ours peuvent boire et se baigner tout à leur aise. Des Lions, des Panthères, etc., ne pourraient pas y vivre en toute saison; et d'ailleurs, il serait impossible de les y retenir, car leur grande agilité leur permettrait bientôt de s'échapper. La *Rotonde,* qu'on pourrait appeler le point central de la Vallée Suisse, en est aussi la construction la plus considérable et la mieux conçue; elle donne asile aux plus grands Animaux : l'Éléphant, les Pachydermes et les Ruminants. Diverses espèces la quittent pendant la belle saison et vont occuper les *parcs;* cette faveur est plus particulièrement réservée à celles de l'Inde, de l'Afrique et de l'Amérique méridionale, auxquelles les chaleurs de l'été rappellent leur patrie; pendant l'hiver ces animaux reviennent à la Rotonde. Mais les parcs ont, comme les fosses, des habitants qui ne les quittent pas plus en hiver qu'en été. Tels sont les Cerfs de Virginie, les Axis de l'Inde, dont les espèces peuvent être regardées comme acclimatées chez nous, et divers autres qui nous viennent des pays froids.

Des parties non moins essentielles de la Ménagerie sont : la *Volière* du Nord, où l'on met principalement les Oiseaux de proie et les Perroquets; la *Faisanderie,* où sont les Faisans, qui lui ont donné leur nom, les Poules de diverses races, les Pintades et les autres Gallinacés. Les Autruches, les Casoars et quelques Oiseaux de grande taille occupent une fabrique spéciale, subdivisée en plusieurs compartiments; deux endroits, pourvus d'une pièce d'eau, sont le séjour des espèces aquatiques ou de rivage : c'est là que l'on voit les Cygnes, les Oies, les Canards de diverses sortes, les Grues, les Cigognes, etc.

Les *Reptiles* habitent le local autrefois réservé aux Singes. Quoique placé en dehors de la Vallée Suisse, il en est très-peu éloigné.

La ménagerie est placée sous la direction immédiate des professeurs de zoologie chargés de l'enseignement relatif aux animaux qu'on y conserve.

On a construit récemment dans les passes de larges bassins où l'eau se renouvelle constamment, et dans lesquels les Ours peuvent boire et se baigner tout à leur aise.

Il nous serait difficile, ou pour mieux dire impossible, de donner du *personnel animal* de la Ménagerie un état qui fût longtemps exact. Outre que des mutations ont lieu fréquemment d'un parc ou d'une cage à l'autre, cette population est assez flottante, et chaque année, chaque mois, chaque semaine voit quelque Animal mourir ou quelque autre arriver. Nous

nous bornerons donc à des indications topographiques essentielles, et nous signalerons en passant les espèces ou les individus les plus dignes d'attirer l'attention des visiteurs.

Mammifères.

La Vallée Suisse, où se trouvent réunis les Mammifères, est élégamment disposée pour recevoir des hôtes si variés dans

leurs habitudes et dans leurs mœurs; les allées, par leurs sinuosités, forment des parcs où s'élèvent de gracieuses maisonnettes couvertes en chaume, de formes pittoresques et de couleurs différentes.

Tantôt c'est le climat de la Russie que rappellent ces murs faits de troncs d'arbres superposés; plus loin, la Suisse se retrouve dans ces chalets; un édifice à demi ruiné donne son

hospitalité aux Chèvres accoutumées à braver les périls de l'escalade.

Cette cabane, construite avec de vieux troncs d'arbres, et située à droite de la porte donnant sur l'allée des Marronniers, est la demeure des Chèvres du Thibet (*n° 39 du plan*).

Parmi les autres espèces si nombreuses de ruminants qui peuplent la Vallée Suisse, je signale surtout à votre attention les élégantes et vigoureuses *Antilopes corinnes* et leurs congénères les *Antilopes bubales* d'Algérie; les *Yaks* ou *Vaches à queue de cheval,* récemment importées du Thibet, remarquables par leurs formes trapues, leur queue touffue, et par leur longue laine qui traîne jusqu'à terre [1]; les *Buffles,* qui vivent

paisiblement au milieu de la grande Basse-Cour occupée par les Oiseaux à vol bas et par les Oiseaux aquatiques; enfin les

1. Ce sont des queues d'Yaks qu'en Orient on porte comme étendards devant les pachas; et selon que ces personnages sont plus ou moins élevés en dignité, ils ont droit de se faire précéder d'une, deux ou trois queues d'Yaks; — de là le dicton populaire qu'on applique familièrement aux gens fiers de leur importance : *C'est un pacha à trois queues.*

Lamas, qui occupent le grand parc situé sur la limite de la Vallée Suisse et des *Labyrinthes*.

Nous dirigerons maintenant notre promenade, si vous le voulez bien, vers la cage ou, comme on dit, le *Palais* des Singes.

SINGERIE. — C'est un immense pavillon circulaire, en treillis de fer, et dont l'intérieur est garni de tous les appareils qui constituent un gymnase : cordes, balançoires, échelles,

mâts, etc. Il est situé entre la Rotonde et le bâtiment occupé par les Animaux féroces, et sur l'allée qui mène de l'un à l'autre de ces édifices. Le terrain en face est disposé en amphithéâtre. Autrefois, on lâchait pendant le jour, quand la saison le permettait, tous les Singes dans cette *salle de récréation,* et ils s'y livraient, en présence d'une foule compacte de spectateurs, à mille ébats quelquefois fort drôles. On n'en lâche plus maintenant que deux ou trois à la fois, et, pour voir tous les habitants du *Palais,* il faut pénétrer dans la galerie semi-circulaire construite à la partie postérieure. Là, chaque animal a sa loge grillée et vitrée où l'on peut l'observer à l'aise.

Cette galerie est occupée non-seulement par des Singes, mais encore par les autres espèces appartenant à l'ordre des *Primates,* tels que les *Ouistitis* et les *Makis,* ainsi que par d'autres petits animaux rongeurs, plantigrades, etc., qui ont besoin d'une certaine température et de soins particuliers. Parmi ces derniers, nous citerons l'*Agouti,* le *Petit-gris* (Écureuil de Russie), deux *Ratons laveurs,* deux *Tatous.* L'habitation des Singes est chauffée par des poêles de manière à entretenir une température de dix à douze degrés. Le matin, on donne à ces Animaux de la soupe au lait légèrement sucrée; dans les après-midi, des légumes cuits et du pain bis; et, pour les amuser le reste de la journée, quelques poignées d'orge ou de maïs. Les gâteaux que le public leur apporte complètent pour eux une alimentation largement suffisante.

ANIMAUX CARNASSIERS. — Nous passerons, si vous le voulez, des Singes aux Animaux féroces; il nous suffit, pour cela, de faire quelques pas après avoir tourné à gauche. Leur demeure est un long bâtiment presque contigu au quai Saint-Bernard et terminé à ses deux extrémités par deux petits pavillons, entre lesquels sont alignées les cages partagées en deux compartiments, dont l'un s'ouvre devant le Jardin, l'autre dans l'intérieur du bâtiment. De fortes cloisons séparent ces cages les unes des autres; des barreaux de fer permettent de voir parfaitement les Animaux, soit qu'on se trouve dans le Jardin ou dans le corridor intérieur, et leur ôtent en même temps tout espoir d'évasion. En outre, une grille à hauteur d'appui force les curieux à se tenir hors de la portée des griffes de ces terribles prisonniers.

Cette partie de la Ménagerie possède de très-beaux Lions, — des Lionnes, des Panthères, des Hyènes, des Ours. On y voit un très-beau Jaguar (Tigre d'Amérique), présent de M. Peltier, négociant au Havre.

Dans le Pavillon de l'ouest sont renfermés les carnassiers de petite taille, tels que la Civette, le Raton, le Serval, le Chat-Tigre, etc.

ROTONDE. — La *Rotonde* est un pavillon massif et très-élevé, solidement construit en maçonnerie, et entouré de

parcs ou plutôt de cours, séparées les unes des autres par de fortes palissades, et ceintes d'une clôture à claire-voie, formée de grosses poutres surmontées de pointes de fer. Un seul de ces parcs est fermé par une grille très-haute en treillage de fil de fer : c'est celui des Girafes, qui sont en ce moment au nombre de deux.

La Rotonde est l'asile des *Géants du désert*. Outre les Girafes, on y voit un Éléphant mâle de l'Inde. A côté de lui, s'ébattent, dans un bassin creusé exprès pour eux, deux jeunes Hippopotames du Nil-Blanc, mâle et femelle, arrivés successivement d'Égypte, et donnés à l'empereur des Français par le vice-roi d'Égypte et par son frère. Une autre écurie est occupée par un dromadaire (Chameau d'Afrique). Le Chameau à deux bosses, d'Asie, manque actuellement à la collection.

Oiseaux.

FAUCONNERIE. — A gauche de la cage des Singes, on

trouve une allée qui conduit à une grande Volière droite : c'est la *Fauconnerie,* ou, si mieux on aime, la *Volière des Oiseaux de*

proie (n° 25 du plan). Elle est divisée en plusieurs compartiments. Le pavillon le plus rapproché de la Seine est occupé par
deux grands *Condors,* les plus forts et les plus dangereux des
rapaces diurnes; l'un d'eux est à la ménagerie depuis l'année 1826.

Les cages suivantes renferment des Vautours d'Amérique,
d'Europe, d'Algérie, etc. Puis viennent des *Aigles royaux* de
France, un *Aigle criard,* des *Pigargues* de différentes variétés;
enfin, des *Buses* de France, des *Milans,* un *Caracaras* du Brésil et deux Hiboux *Grands-Ducs.*

Cette Volière est terminée par une grande cage, qui com-
prend trois portes vitrées de front; elle renferme une tren-
taine de Perroquets, *Perruches, Aras, Cacatoès* et *Perroquets*
proprement dits.

FAISANDERIE. — Quand vous aurez contemplé à loisir les Oiseaux de proie et les Perroquets, faites volte-face : prenez l'allée qui se trouve derrière vous, puis une autre très-courte qui, dans celle-là, s'ouvre à votre droite, et vous serez devant une charmante Volière demi-circulaire, à convexité extérieure, et qui forme en quelque sorte la façade de la fabrique où l'on élève les Oiseaux de basse-cour. Cette Volière présente quinze petits cabinets contigus, où les oiseaux sont à couvert et où

ils reçoivent leur nourriture (*n° 24 du plan*). Au devant de chaque cabinet se trouve un treillage qui s'avance de trois mètres environ. Cette disposition permet aux Oiseaux de voler ou de se promener à leur aise, de jouir du soleil ou de se mettre à l'ombre. Un sable épais les préserve de l'humidité ; un ruisseau traverse le terrain ; en un mot, à la liberté près, ils sont tout à fait dans les conditions que leurs mœurs et leurs intérêts exigent pour leur conservation et leur développement.

Le compartiment placé à l'extrémité de cette Volière est affecté à l'ordre des *Passereaux*. On y voit voltiger des Merles, des Bouvreuils, des Moineaux, etc. La plupart des autres compartiments sont occupés par les Gallinacés, — Faisans, Pigeons, Cailles, Perdrix, Coqs de bruyère.

ÉCHASSIERS PALMIPÈDES ET COUREURS. — La remarque que nous avons faite au sujet du domicile respectif des Mam-

mifères de nature différente s'applique aussi aux cages et aux parcs où sont renfermés les Oiseaux. Les changements n'y sont pas moins fréquents, et telle espèce qui se voit aujourd'hui dans un parc pourra passer dans un autre quelques jours après, suivant les convenances du service. La rotonde, couverte de chaume et entourée d'un grand parc avec bassin, renferme des *Échassiers* et plusieurs *Palmipèdes* (*n° 71 du plan*).

On voit aussi des Échassiers dans le parc voisin de celui des Axis; ils y vivent avec des Paons, des Cygnes et d'autres

Oiseaux nageurs, que l'eau abondante dans cette partie de la Vallée Suisse rend à leurs habitudes favorites.

Les *Oies* d'Égypte, les *Hérons*, les *Cormorans*, habitent pêle-mêle dans un parc situé près de la loge des Reptiles (*n*ᵒˢ *69, 72, 75, 76 du plan*).

Les *Autruches* et les *Casoars* nous ont accoutumés à la physionomie des Échassiers; mais s'ils en ont l'aspect extérieur, ils n'en ont ni le genre de vie ni l'organisation. Ils ne volent point; leurs ailes sont rudimentaires, et leur plumage ne leur sert que comme d'une épaisse toison. En revanche, leurs jambes robustes leur permettent de courir longtemps avec une grande rapidité. Ce sont les plus grands de tous les Oiseaux. Le parc des *Autruches* et celui des *Casoars* sont voisins de celui des Échassiers, à quelques pas de la Faisanderie (*n*ᵒˢ *73 et 75 du plan*).

Les *Palmipèdes* occupent presque exclusivement le parc dont nous avons donné la vue (*n*ᵒ *69 du plan*). Leur gîte, construit au pied de l'arbre magnifique qui leur sert d'abri, a un aspect tout particulier. Ces intéressantes espèces ont déjà rendu, par leurs croisements, les plus grands services à l'économie domestique rurale. C'est à cette étude assidue et à la munificence du Muséum que sont dues ces belles espèces de Canards, qui se sont répandues en si grande quantité dans les basses-cours des grandes exploitations rurales, et des établissements dans lesquels le Gouvernement met à la disposition de l'agriculture les types qui doivent améliorer nos races indigènes.

Reptiles.

La fondation de la Ménagerie des Reptiles au Muséum d'Histoire naturelle de Paris date d'une époque peu ancienne.

En effet, c'est en octobre 1836, que fut faite l'acquisition des deux *Pythons* de Java et des trois *Caïmans à museau de brochet* de la Nouvelle-Orléans, qui en ont été les premiers hôtes. Dans cette période, un grand nombre de Reptiles, appartenant aux différents ordres dont cette classe d'animaux se compose, y a successivement pris place.

Un livre d'entrées, tenu avec beaucoup d'exactitude dès l'origine, indique, sans lacune, depuis le premier jour jusqu'à l'époque actuelle, toutes les espèces reçues à la Ménagerie, et le nombre d'individus par lesquels chacune d'elles y a été représentée.

Cette partie de la Ménagerie occupe un bâtiment en équerre, situé dans une petite cour où l'on arrive par deux petites portes, qui se trouvent l'une au bout de la Volière des Oiseaux de proie, l'autre en face des Autruches. Le bâtiment s'appuie, par son plus petit côté, sur le mur qui borde le Jardin du côté de la rue Cuvier. C'est à travers un vitrage extérieur et un grillage serré qu'on aperçoit très-imparfaitement, du dehors, les Reptiles dans leurs cages. Pour les bien voir, il faut pénétrer dans l'intérieur au moyen d'une carte de Ménagerie.

La salle est chauffée par deux appareils à la fois. L'un est un poêle qui entretient la température générale à 20 degrés environ. L'autre est un *Appareil-Sorel*, qui projette sous les cages de l'eau chaude destinée à chauffer directement le fond de chacune d'elles, ainsi que les couvertures de laine dans lesquelles se cachent, en hiver, les gros Serpents originaires des pays chauds.

A gauche, en entrant, on peut remarquer une cage sablée,

avec bassin d'eau, dans laquelle se trouvent des *Caïmans à museau de Brochet*. Les trois premiers ont été apportés de l'Amérique du Nord par un ouvrier, qui les a vendus au Muséum. Ils n'avaient alors que $0^m,22$ de long, et ne pesaient que 72 grammes chacun.

Dans la cage suivante, on trouve un petit Chalet, dans lequel se réfugient une vingtaine de Couleuvres de France, d'Afrique, d'Amérique, etc.; deux *Erix* de l'Inde et la *Couleuvre d'Esculape*.

Ailleurs, on voit des Geckos, des Ouolis et un Platydactyle des murailles, animal fort laid, mais remarquable par la faculté qu'il possède de monter sans effort sur un plan vertical, même poli comme une vitre, par exemple; cette faculté est due à la conformation de ses doigts, sous lesquels il peut faire le vide, comme fait la Sangsue avec le disque qui termine sa queue.

Signalons encore de très-beaux Lézards verts, des *Caméléons*, — un Lézard *Sauve-Garde* de Cayenne (*Salvator Merianæ*), — un Lézard *Scheltopusick*, remarquable par sa ressemblance avec les Couleuvres, dont il ne se distingue que par sa tête arrondie et par des pattes postérieures rudimentaires, qu'on n'aperçoit qu'en l'examinant avec une grande attention.

Les cages munies d'un treillage en fer, et placées à l'intérieur, contiennent de beaux exemplaires de serpents venimeux, tels que le *Crotale boïquira, Serpent à sonnettes* du Brésil, le *Crotale* de la Louisiane, un *Trigonocéphale* de la Caroline du Sud, un autre de la Nouvelle-Orléans, des *Vipères de Cléopâtre*, etc. Les cages du fond sont occupées par les Serpents de la plus grande espèce : le terrible *Boa constrictor* et les non moins redoutables *Pythons*[1].

Tout près de la Fauconnerie, entre cet édifice et le parc des Daims, se trouve un autre petit parc qu'on remarque d'abord pour sa fraîcheur et pour l'exubérance de sa verdure (*n° 26 du plan*). — C'est la succursale de la Ménagerie erpétologique. En se dressant sur la pointe des pieds, on aperçoit par-dessus la haie touffue qui l'entoure, dans les hautes herbes qui bordent le bassin creusé à son milieu, un certain nombre de Tortues de toutes dimensions, qui se meuvent lentement et rarement, les unes à terre, les autres dans l'eau. Ce sont des *Chersites* ou *Tortues terrestres,* des *Élodites* ou *Tortues* des *marais,* et quelques *Potamites* ou *Tortues* de *fleuves.*

---

1. Au moment où nous écrivons ces lignes on construit pour les reptiles, sur l'emplacement des Ateliers, une nouvelle galerie qui sera une des plus belles et des mieux appropriées à ce service.

GALERIES

D'Anatomie comparée, d'Anatomie de l'homme, De Zoologie, de Minéralogie et de Géologie; Bibliothèque.

L'examen des formes extérieures des nombreux habitants de la Ménagerie ne suffit pas à votre curiosité toujours croissante, et vous éprouvez le désir de connaître les rouages cachés qui font mouvoir tous ces corps animés, ou, en d'autres termes, leur organisation intérieure.

Eh bien, en quittant l'habitation des Reptiles, suivez l'allée à votre droite, et vous vous trouverez bientôt en face d'un grand édifice en partie construit en briques, et formant un parallélogramme autour d'une cour pavée. De chaque côté de la grande porte cochère, vous verrez d'abord de grands os qui ressemblent à des côtes, et qui ne sont autre chose que des mâchoires inférieures de Baleines. Si, avant de pénétrer dans l'intérieur du bâtiment, vous jetez un coup d'œil dans la cour, vos regards seront frappés par deux squelettes placés, l'un à droite, l'autre à gauche, et montés sur des tiges et des barres de fer : ce sont les charpentes osseuses de deux *Cétacés* géants : une Baleine et un Cachalot; le squelette de Cachalot est là depuis 1817, et il a donné son nom à la cour qu'on appelle, dans le Muséum, la *Cour du Cachalot*. Celui de la Baleine a été rapporté et préparé par les soins de M. l'amiral Bérard. En croisière dans la baie des îles, à la Nouvelle-Zélande, l'équipage harponna le petit de cette femelle, qui, poussée par l'instinct maternel, s'échoua sur le rivage en suivant son Baleineau. Le modèle très-exact de ce Cétacé a été fait sur plan, et mis au point par M. Mérion, ingénieur-hydrographe de l'expédition.

Revenez maintenant sous la voûte, et entrez par la porte qui se trouve alors à votre gauche; l'autre porte est celle de sortie. Après avoir déposé votre canne ou votre parapluie entre les mains de la personne établie *ad hoc* sous le vestibule, vous aurez la permission de parcourir toutes les salles qui sont consacrées à ces deux parties si intéressantes des sciences naturelles, l'*Anatomie comparée* et l'*Anatomie de l'homme* servant de base à son histoire naturelle.

Anatomie comparée.

REZ-DE-CHAUSSÉE. — Première salle. — *Squelettes de Cétacés.* — La plus grande partie de cette première salle est occupée par des squelettes de Baleines, de Cachalots et d'autres géants des mers. Sur les côtés sont rangés d'autres squelettes de dimensions plus petites, appartenant au groupe des Carnassiers.

Deuxième salle. — *Squelettes d'Hommes.* — La plupart des squelettes contenus dans cette salle proviennent d'individus de la race Caucasique. A votre droite, en entrant, sont des squelettes de Français, d'Anglais, d'Italiens, etc.; puis, quelques squelettes de Nègres et de personnes de races croisées. Il n'y en a point de la race Mongolique.

Vous remarquerez particulièrement :

Le squelette du jeune Syrien Soliman el Hhaleby, assassin de Kléber, général en chef de l'armée française en Égypte. On sait que ce jeune fanatique fut empalé, après avoir eu la main droite brûlée. Son squelette a été donné au Muséum par le célèbre chirurgien Larrey;

Le squelette de Bébé, nain du roi de Pologne Stanislas;

Le moule en plâtre d'un squelette dont l'original existe au Muséum de Leyde, et qu'on croit être celui d'une jeune Romaine, etc.

Au fond de cette deuxième salle, à droite, vous trouvez une porte qui s'ouvre sur un escalier, lequel vous conduit à l'étage supérieur. Arrivé au haut de cet escalier, vous trouvez à votre droite la première salle du premier étage.

PREMIER ÉTAGE. — PREMIÈRE SALLE. — *Crânes de Mammifères.* — Cette salle contient des crânes de Mammifères de toutes les espèces, depuis les grands Singes anthropomorphes jusqu'aux *Monotrêmes.* On en a pourtant exclu les crânes que leur volume ne permettait pas de placer dans les vitrines, tels que ceux des Cétacés et des grands Pachydermes.

DEUXIÈME SALLE. — *Fœtus de Mammifères.* — Cette salle reçoit la lumière par deux lucarnes percées dans le plafond. Au milieu, une ouverture circulaire, pratiquée dans le plancher et bordée d'une balustrade, donne du jour à la première salle du rez-de-chaussée. On a réuni depuis peu de temps, dans cette deuxième salle du premier étage, les fœtus des Mammifères, et particulièrement ceux dont la conformation est anormale. Une porte qui s'ouvre dans la paroi faisant face à la porte d'entrée donne sur un étroit corridor qui conduit aux cabinets d'Anatomie humaine. Nous y reviendrons tout à l'heure. Maintenant, pour ne pas interrompre l'étude que nous avons commencée, prenons la porte à gauche, et entrons dans le cinquième cabinet d'Anatomie comparée.

TROISIÈME SALLE. — *Ostéologie des Primates.* — Sur une grande table, à gauche, se dressent deux squelettes de Gorilles et deux de Chimpanzés. On y a joint le buste en plâtre moulé sur nature du grand Gorille du Gabon dont la peau montée figure dans le musée de Zoologie. Des armoires renferment les squelettes des autres Quadrumanes, ceux des Lémuriens et des Makis, et, en outre, d'un assez grand nombre de Cheiroptères et d'Insectivores. Sous une cage de verre, à droite de la porte, est placé un squelette d'Autruche, garni des principaux muscles et de l'appareil respiratoire.

QUATRIÈME SALLE. — *Ostéologie des Mammifères et des Oiseaux.* — Le même nombre d'armoires que dans la salle précédente a suffi pour contenir, outre les squelettes des grands Rongeurs et des Édentés, ceux d'un nombre convenable d'Oiseaux, principalement *Échassiers, Coureurs* et *Palmipèdes.* Des boîtes vitrées et disposées en pupitres sur quatre tables, offrent les systèmes dentaires de tous les Mammifères. à leurs diverses périodes de développement. D'autres boîtes fixées contre les murs, dans l'embrasure de la porte de communication entre cette salle et la suivante, renferment les pièces osseuses des têtes de tous les vertébrés des classes des *Reptiles* et des *Poissons.*

CINQUIÈME SALLE. — *Ostéologie des Reptiles* et *des Poissons.* — Les armoires à droite et à gauche contiennent les squelettes des Reptiles (*Chéloniens, Sauriens, Ophidiens, Batraciens*).

Dans celles de face, on a réuni des squelettes de Poissons osseux.

SIXIÈME SALLE. — *Squelettes de Poissons.* — *Ostéologie des fœtus de Mammifères.* — Les armoires à gauche sont encore occupées par des squelettes de Poissons, tant osseux que cartilagineux. Dans celles de droite, sont disposés des squelettes de jeunes Mammifères, et principalement de fœtus et d'embryons. Au milieu de la salle, deux tables supportent des cages vitrées ; celle de gauche contient des squelettes de fœtus humains ; celle de droite, des *Écorchés* d'Oiseaux (Gallinacés). Dans l'armoire, à gauche de la porte d'entrée, on a déposé diverses pièces appartenant à l'Ostéologie des organes locomoteurs des Mammifères. Les squelettes de Reptiles et de Poissons contenus dans les cinquième et sixième salles sont remarquables par leur bel état de conservation. On reconnaît sans peine qu'ils ont été préparés par un maître en cet art difficile. La plupart, en effet, sont dus à M. Simon-Pierre Rousseau (père de M. Emm. Rousseau), un des aides qui ont le mieux secondé G. Cuvier dans la formation du Cabinet d'Anatomie.

SEPTIÈME SALLE. — *Myologie des Mammifères.* — En entrant dans cette salle, vous voyez à votre droite, sous une cage de verre, une statue d'homme en plâtre peint, qu'on nomme l'*Écorché de Bouchardon.* En outre des myologies de l'Homme en cire, vous remarquerez les plâtres peints qui vous donnent une idée des muscles du Kanguroo, du Bélier, du Cheval, du Lion, etc.

HUITIÈME ET NEUVIÈME SALLES. — *Splanchnologie (Anatomie des Viscères).* Ces deux salles renferment les préparations des viscères de tous les vertébrés, depuis l'Homme jusqu'aux

Poissons. Dans la huitième salle, on voit, sous des cages de verre : à droite, sept pièces en cire, représentant le cerveau ou le système nerveux de la tête ; à gauche, des figures également en cire, du travail le plus remarquable, et montrant la position des viscères : 1° chez un fœtus ; 2° chez un enfant endormi ; 3° chez une femme effrayée par la vue d'un cadavre.

La neuvième salle est plus particulièrement affectée aux organes de la digestion, de la circulation et des sécrétions. Elle contient aussi un grand nombre de fœtus de Mammifères, conservés dans l'esprit-de-vin.

Dixième salle. — *Névrologie des Vertébrés.* — Dans cette salle on a disposé les préparations soit en cire, soit en plâtre, soit naturelles, des cerveaux, des moelles épinières et des sens de tous les Vertébrés. On y voit aussi, dans le meuble placé à gauche de la porte, des pièces en cire offrant l'ovologie des Reptiles ; et sur les armoires, diverses pièces préparées, soit par dessiccation, soit par corrosion dans les acides.

Onzième salle. — *Collection phrénologique du docteur Gall.* — Les masques, les plâtres de têtes entières, ou les têtes osseuses d'un grand nombre d'individus de l'espèce humaine, sont rangés en trois principales catégories : 1° ceux qui ont acquis une célébrité plus ou moins grande dans les sciences, les arts, etc. ; 2° ceux qui ont commis des crimes ; 3° enfin, ceux qui, par l'exagération de leurs facultés, ont été atteints d'aliénation. Sous une grande vitrine placée au milieu de cette salle, est exposée une pièce naturelle d'ensemble, offrant les systèmes circulatoire et nerveux du grand Serpent appelé le *Python Molure.* Cette pièce est due au travail du docteur Jacquart. Il faut maintenant descendre l'escalier pour arriver dans la dernière salle du rez-de-chaussée; mais, avant de descendre, vous remarquerez, de chaque côté de cet escalier, des cadres suspendus aux murs et contenant, sous verre, des préparations naturelles du système dermique (peau, poils, plumes, écailles), et entre autres, une peau de tête humaine, avec ses cheveux et sa barbe, conservée par le tannage. Vous verrez aussi les dessins de la tête de l'Éléphant et de celle du Rhinocéros fossiles de Sibérie, qui ont été donnés au muséum par l'Académie des Sciences de Saint-Pétersbourg. Ces dessins sous verre sont en face du haut de l'escalier. Vous n'aurez plus ensuite, pour achever votre pérégrination dans la galerie d'Anatomie comparée, qu'à parcourir rapidement la salle du rez-de-chaussée où se trouvent les squelettes des Ruminants et des Pachydermes. Ces derniers sont placés en partie sur les côtés de la porte de sortie. Dans cette même salle, on a placé le squelette incomplet d'un animal fossile, le Mégathérium, dont l'espèce est perdue. Vous verrez qu'on n'en possède que quelques parties de la tête, du tronc et des membres.

Anatomie de l'homme.

Il vous faut, à présent, remonter l'escalier que vous venez de descendre et traverser de nouveau les neuf dernières salles d'Anatomie comparée. Dans la seconde, vous trouverez, ainsi que je vous l'ai dit tout à l'heure, une porte donnant sur un couloir étroit et bas, qui vous conduira au Musée anthropologique.

Les pièces d'Anatomie humaine occupent actuellement dix grands cabinets, c'est-à-dire tout le premier étage des bâtiments qui bordent la Cour du Cachalot au fond et à gauche ;

mais elles n'y sont point rangées méthodiquement comme celles d'Anatomie comparée; je ne pourrai donc vous désigner chacun des cabinets par sa spécialité; je me bornerai à signaler à votre attention les objets les plus remarquables qui se présenteront sur notre passage.

PREMIÈRE SALLE. — Cette salle contient, dans les armoires qui l'entourent, des crânes et des bustes en plâtre de diverses races.

DEUXIÈME SALLE. — On a rassemblé ici, de préférence, des bustes et des statues des races Éthiopique et Mongole; entre autres la statue de la *Vénus hottentote*, dont vous verrez le squelette dans la septième salle. Sous ce nom était désignée une femme boschimane qu'on montrait comme objet de curiosité, et qui est morte à Paris. Vous admirerez dans la même salle les deux magnifiques bustes en bronze d'un Chinois et d'une Chinoise, de M. Cordier. Sous verre, contre la fenêtre du milieu, est une pièce en cire exécutée par M. le docteur Talrich, et représentant la disposition du système nerveux grand-sympathique d'un individu de la race Caucasique.

TROISIÈME SALLE. — Les armoires sont occupées par des pièces diverses. Sous la vitrine du milieu, on voit plusieurs Momies péruviennes.

QUATRIÈME SALLE. — On y voit des têtes moulées en plâtre et une jolie collection d'épreuves photographiques.

CINQUIÈME SALLE. — A droite de la porte d'entrée se trouve une petite Momie gauloise trouvée dans le Puy-de-Dôme; en face, une Momie égyptienne rapportée de l'expédition d'Égypte par M. Geoffroy Saint-Hilaire père. L'armoire renferme des têtes osseuses et moulées en plâtre et des statuettes peintes.

Sixième salle. — Ce qui attirera surtout votre attention, ce sont des Momies guanches conservées dans des peaux de bouc; les armoires renferment diverses pièces ostéologiques et anatomiques, naturelles et imitées.

Septième salle. — Au milieu, dans une cage vitrée, sont rangés un grand nombre de squelettes de diverses races : les plus curieux sont trois squelettes de Momies égyptiennes, dont l'un offre des traces de fractures graves qui toutes avaient été guéries. La Momie dont il provient avait été aussi rapportée par Geoffroy Saint-Hilaire; il a été préparé par S.-P. Rousseau.

Huitième salle. — Sous un vitrage, au milieu, est un squelette fossile Celte, trouvé à Pantin; sur une étagère, à droite, sont alignés sur trois rangs des squelettes de diverses races. En face de la porte, on voit suspendues à la muraille deux grandes pancartes représentant le système circulatoire de l'homme, tel que le comprennent les physiologistes chinois. Entre les fenêtres, se dressent des sarcophages égyptiens avec leur hideux contenu.

Neuvième salle. — Vous y remarquerez tout d'abord deux beaux bustes de Nègres (homme et femme), fondus en bronze, qui sont dus au ciseau de M. Cordier; au milieu est un squelette garni de tout l'appareil circulatoire, du système nerveux et des viscères : cette remarquable préparation est l'œuvre de M. Jacquart. Vous vous arrêterez longtemps devant l'armoire de droite et devant celle du fond, où se trouve une ravissante collection de statuettes peintes représentant tous les types humains du nord de l'Europe et de l'Asie, avec leurs costumes nationaux. Cette collection est un présent fait au Muséum par M. le prince Demidoff.

Dixième salle. — Au centre est un squelette monté indiquant les conditions anatomiques de la rectitude humaine ; les armoires contiennent des crânes, des bustes moulés et des pièces diverses.

Ne quittez point cette galerie sans examiner la belle série de portraits à l'huile et à l'aquarelle, dus au pinceau de M. Longa, et rapportés d'Algérie par la Commission scientifique sous la conduite de M. Bory de Saint-Vincent. Ces portraits, qui font désormais partie de la collection des Vélins du Muséum, sont parfaitement à leur place dans les cabinets d'Anthropologie.

Zoologie.

En entrant dans le Jardin des Plantes par la grille d'Austerlitz, vous voyez devant vous un grand bâtiment situé au bout de deux longues allées d'arbres, comme un de ces manoirs féodaux qui s'élèvent à l'extrémité du parc seigneurial. Ce bâtiment a 120 mètres de long, et se compose d'un rez-de-chaussée et de deux étages. La façade, d'un ordre architectural extrêmement simple, est divisée en trois parties par deux petits pavillons latéraux. Tel est l'aspect extérieur de cet édifice où sont déposées les archives de la création.

Dans l'origine de la fondation du Muséum, c'est-à-dire au xviie siècle, il n'existait du grand bâtiment occupé aujourd'hui par les collections de Zoologie, que la partie comprise entre les deux pavillons latéraux ; et encore cette maison, car ce n'était pas autre chose, n'avait-elle qu'un seul étage entre le rez-de-chaussée et les combles. Elle était habitée par l'intendant du Jardin et par quelques autres fonctionnaires. Lorsque Buffon devint intendant et voulut créer un Cabinet d'histoire naturelle, il obtint qu'on fît l'acquisition d'une maison voisine dans laquelle il s'installa, et qui prit le nom de *Bâtiment de l'Intendance* (*n° 21 du plan*); il abandonna l'ancien bâtiment aux collections qui, à partir de cette époque, prirent un rapide accroissement, en conséquence duquel on ajouta une construction neuve, de niveau avec l'ancienne, et s'étendant sur la gauche jusqu'à l'angle sud-ouest du Jardin. Cette aile, commencée du vivant de Buffon, ne fut terminée qu'après sa mort.

Après l'organisation du Muséum par la Convention, il fut décidé qu'on élèverait cet édifice d'un étage, lequel serait occupé par une grande galerie recevant son jour d'en haut. Ce projet fut exécuté de 1794 à 1801. Bientôt après, cette augmentation fut jugée insuffisante, et en 1808 s'éleva la seconde aile qui s'étend jusqu'au Labyrinthe. Pour la construire, on supprima la porte du Jardin et l'escalier du cabinet, qui était vis-à-vis de la grande allée. On ajouta de plus au premier étage trois nouvelles salles. Le bâtiment complet contint alors, non-seulement les collections de Géologie, de Minéralogie, de Botanique et de Zoologie, mais encore la Bibliothèque. Ce fut seulement sous la Restauration que la Bibliothèque fut transportée dans la maison de l'Intendance, et que l'emplacement laissé vacant par ce déménagement fut occupé par la collection des Poissons.

On avait gagné de l'espace, mais pas encore assez pour la multitude toujours croissante des objets.

La translation eut lieu en 1834. Le Cabinet tout entier devint la propriété des Animaux. On donna plus d'extension aux diverses branches de la Zoologie; on fit succéder à des espèces inorganiques une foule d'êtres intéressants, qui avaient été relégués dans des magasins où ils n'étaient visibles que pour les personnes attachées à l'établissement.

Mais cet agrandissement, quoique considérable, est loin de suffire à l'état actuel de nos collections, et la mauvaise exposition de certaines branches, causée par la trop grande quantité des espèces, fait sentir de nouveau le besoin d'espace.

Dans l'état actuel, le Musée zoologique occupe seize salles, dont plusieurs sont immenses.

REZ-DE-CHAUSSÉE. — Première salle. — Cette salle, d'un aspect presque lugubre, contient les dépouilles des grands Mammifères, tels que le Dauphin de Dale de la Manche, — les Éléphants, — les Rhinocéros, — les Hippopotames, — un Cheval baskir, à poils frisés, — un Cheval arabe, etc.

Deuxième salle. — C'est, à proprement parler, un couloir, conduisant de la salle précédente à l'escalier qui mène au premier étage. On y a rangé, dans des vitrines, les *Zoophytes* ou *Animaux-Plantes,* — et une très-belle collection de Vers intestinaux, *lombrics, ténias,* etc., conservés dans l'alcool.

PREMIER ÉTAGE. — Sur le palier, on a exposé une certaine quantité de Poissons de grande dimension.

Première et seconde salles. — La première salle est consacrée aux Tortues terrestres, fluviatiles et marines, qui sont appendues au plafond; les armoires contiennent les Poissons.

La deuxième salle est réservée aux Poissons cartilagineux.

On a placé dans cette seconde salle, entre les deux portes, une statue de Buffon, par Pajou, dans le socle de laquelle a été récemment déposé le cervelet de ce grand naturaliste.

TROISIÈME SALLE. — Elle est entièrement consacrée aux Poissons. On y remarque le Poisson-Volant, l'Espadon, etc.

Des quatre grandes divisions de la série des Vertébrés, celle des Poissons est la plus nombreuse en espèces; on en compte aujourd'hui près de cinq mille. Le Muséum en possède la plus belle collection connue; et, bien qu'elle date d'une époque encore récente, elle est l'une des plus complètes de cet établissement.

QUATRIÈME SALLE. — Elle renferme les Chéloniens, les Sauriens, les Ophidiens et les Batraciens (Tortues, Lézards, Crocodiles et Serpents).

CINQUIÈME SALLE. — Ici sont les Crustacés, ces *Insectes de la mer*, dont l'aspect repoussant inspire une terreur souvent justifiée par la force de ces hideux animaux, et par les armes redoutables dont ils sont pourvus.

SIXIÈME SALLE. — Voici la réunion des princes de la nature, les Primates. Cette riche et intéressante collection, rangée d'après la classification de M. Is. Geoffroy Saint-Hilaire, offre quelques représentants de chacun des genres du grand ordre des Quadrumanes.

Elle commence par le *Chimpanzé* placé dans la première armoire à gauche en entrant, et finit aux *Tarsiers* placés dans l'armoire qui fait face à celle-là, à droite.

Au milieu de la salle, dans une armoire vitrée, à roulettes, on a placé le *Gorille,* nouvelle et curieuse espèce récemment importée du Gabon.

Pour bien comprendre avec quel mérite M. Portmann est parvenu à monter cette colossale figure, il faut consulter une épreuve au daguerréotype exposée dans l'armoire contiguë à la porte d'entrée, donnant une représentation exacte de l'animal accroupi dans un énorme cuvier rempli d'alcool, et rappelant à peine une forme d'être organisé.

Nous ne quitterons pas ces armoires où sont contenus les Chimpanzés et les Orangs, sans vous faire remarquer les épreuves daguerriennes qui sont exposées auprès de la porte d'entrée.

Ce nouveau mode de reproduction de la nature vivante ou morte peut être appelé à rendre les plus grands services; et il est à désirer que son emploi, joint à celui de la photographie, soit plus largement étendu aux représentations des objets d'Histoire naturelle.

SEPTIÈME SALLE. — Cette salle renferme la suite de la collection des Zoophytes et le commencement de celle des Mollusques.

Les armoires sont remplies d'Éponges, de Polypiers, parmi lesquels on remarque des Coraux de plusieurs espèces; — d'Oursins, d'Astéries, d'Euryales, d'Holothuries et enfin de Mollusques, avec ou sans coquille, conservés dans des bocaux d'esprit-de-vin. Sur l'armoire qui est située au milieu de la salle, on remarque les Argonautes, les Nautiles, les Sèches, les Ammonites.

HUITIÈME SALLE. — Cette salle contient les Mammifères domestiques; au milieu s'élève une statue en marbre blanc, due au ciseau de Dupaty et représentant la Nature caractérisée par ces mots du poëte Lucrèce : *Alma parens rerum.*

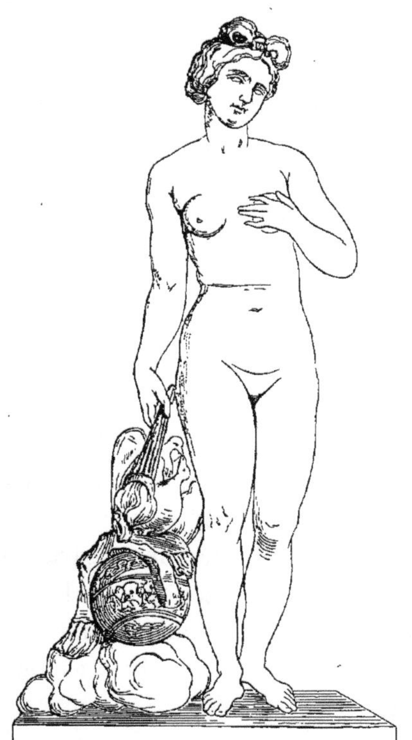

SECOND ÉTAGE. — En montant à cet étage par l'escalier situé au sud-ouest du grand bâtiment dont nous nous occupons en ce moment, nous trouverons une suite de six magnifiques salles éclairées par en haut. Nous n'entrerons dans aucune description détaillée des richesses contenues dans ces salles; nous indiquerons sommairement ce qu'elles renferment.

Sur le palier qui précède la première salle, vous remarquerez une Baleine en cire, des fanons de Baleine, et une canne faite avec la dent d'un Narval.

PREMIÈRE SALLE. — Cette salle contient les Marsupiaux (Animaux à poche), tels que Sarigues, Kanguroos; — des Plantigrades; — Ratons, Ours, Aliure, Blaireau, etc.; — et aussi l'Ornithorhynque et l'Échidné.

DEUXIÈME SALLE. — Les armoires renferment: 1° les Édentés (Tatou, Pangolin, Tamanoir, etc.); — 2° les Rongeurs (Écureuils, Chinchilla, Castor, Gerboises); — 3° les Insectivores (Taupes, Musaraignes, Desman, etc.); — 4° les Carnassiers (Lion, Tigres, Hyène, Chacal, Hermine, Zibeth, etc.).

Le meuble qui règne sur toute l'étendue du milieu de cette pièce contient les collections d'Insectes et de Coquilles. A chacune de ses extrémités, et sur l'épine qui le domine, vous aurez à remarquer les travaux destructeurs des Insectes; vous serez étonné de la perfection avec laquelle ils exécutent leurs perforations, dont la régularité ne peut être comparée qu'à la promptitude avec laquelle ces opérations perfides s'accomplissent.

Reportons nos regards sur d'autres travaux dus aussi aux Insectes, mais qui, cette fois, n'exciteront que votre reconnaissance. C'est une riche collection d'échantillons de soie de toute espèce, don précieux fait au Muséum par un patient collectionneur. Sur l'épine du meuble votre attention sera captivée par de magnifiques spécimens empruntés aux collections des Coquilles univalves terrestres et bivalves marines.

TROISIÈME SALLE. — Cette salle est consacrée aux oiseaux. L'aspect en est éblouissant; la richesse des plumages, l'éclat

du coloris, l'élégance des formes et leur extrême variété cap-
tivent et charment à la fois. Ces beaux échantillons sont dus,
pour la plupart, à des savants et à des voyageurs qui se sont
plu à accroître les richesses du Muséum. Buffon avait augmenté
considérablement cette collection, qui s'est encore accrue
depuis les découvertes faites en Afrique, en Amérique, dans
la Nouvelle-Hollande et en Asie dans les montagnes de
l'Himalaya.

Le meuble qui s'étend dans toute la longueur de cette
salle contient les collections de Coquilles.

QUATRIÈME SALLE, dite DE L'HORLOGE. — La collection des
Oiseaux occupe encore toutes les armoires de cette belle salle.
Au centre, en face de l'horloge, on a réuni, dans une vitrine
qu'on serait tenté de prendre pour une volière, les plus beaux
échantillons des Oiseaux-Mouches.

Le meuble du centre contient les collections de *Coquilles*
et d'*Insectes;* les plus riches échantillons sont exposés aux
regards dans des cadres spéciaux.

Ne quittons pas cette salle sans appeler vos hommages
sur l'effigie du célèbre créateur du *Jardin des Herbes médicinales,* Guy de Labrosse, dont le buste à l'air majestueux
semble dominer toutes ces collections.

CINQUIÈME SALLE. — Cette salle contient la suite de la
collection des Oiseaux, et spécialement les Oiseaux de proie,
les Palmipèdes et les Brévipennes. Vous remarquerez l'Apterix,
échantillon très-précieux d'une espèce extrêmement rare.

A l'extrémité de cette salle, votre attention sera frappée
par deux armoires qui contiennent les *Nids* les plus curieux
par leur forme et par leur travail. Le meuble qui règne dans

toute l'étendue de cette salle contient la suite de la collection des Coquilles. A son extrémité, on a disposé des tablettes pour l'exhibition de quelques OEufs précieux, tels que ceux de l'Autruche, du Casoar, du Goëland, du Pingouin, et celui de l'Épiornis, oiseau fossile récemment découvert à Madagascar.

SIXIÈME SALLE. — Cette salle fort intéressante contient les Ruminants, parmi lesquels nous signalerons les gigantesques Girafes qui ont vécu au Muséum; le Renne, l'Élan, le Bison, l'Aurochs, le Zèbre, le Gnou; — enfin le Dromadaire que montait habituellement le général Kléber pendant ses campagnes d'Égypte.

Ici se termine notre pérégrination dans cette nécropole du règne animal. Nous eussions promptement lassé votre patience si, prenant chaque échantillon, nous vous avions fait de longs discours sur la forme, la couleur, les mœurs de chaque sujet, et sur le rang que la science lui a donné.

Cette tâche a été plus dignement accomplie par M. Paul GERVAIS, professeur à la Faculté de Montpellier, pour les MAMMIFÈRES, dans son *Histoire générale des Mammifères,* dernier mot de la science actuelle sur cette importante matière; et par M. le docteur LE MAOUT, en ce qui touche les OISEAUX, dans son *Histoire naturelle des Oiseaux,* ouvrage le plus complet et le plus clair sur cette intéressante partie du règne animal, et où chaque genre est représenté par les figures les plus fidèles que l'on ait faites jusqu'à ce jour.

Minéralogie et Géologie.

Si nous avions voulu suivre un ordre rigoureux et logique dans les pérégrinations que vous voulez bien faire avec nous, nous aurions dû commencer par vous conduire dans les galeries de Minéralogie et de Géologie. Là, en effet, se trouve le point de départ des sciences naturelles, et le règne minéral, dans l'ordre de la création aussi bien que dans la série instituée par la science, réclame la priorité sur les deux autres; mais il ne s'agit pas ici d'une exposition des principes de la science et encore moins de leur application, c'est une promenade à travers les merveilles du Muséum, et nous n'avons d'autre but que de vous éviter la fatigue en recherchant ce qui peut vous plaire et vous intéresser. Nous savons que le Muséum est un temple d'où l'on ne sort pas à son gré; si nous vous en rendons l'accès facile, votre curiosité se chargera, à notre grande joie, de faire le reste.

Prenez, pour quelques moments, droit de cité dans cette magnifique enceinte consacrée à deux des branches les plus intéressantes de ces sciences naturelles : la Minéralogie et la Géologie.

Entrez, regardez tout avec attention, scrutez la nature jusque dans ses replis les plus secrets, et que votre esprit, plongeant plus avant dans les abîmes de la terre, élève votre âme plus haut vers Celui qui en est le créateur et le roi.

La Minéralogie déploiera à vos yeux sa robe brodée de métaux précieux et de pierres éblouissantes reflétant toutes les couleurs du prisme et surpassant l'éclat des plus belles fleurs; mais la Géologie étalera devant vous des merveilles encore plus surprenantes, et vous fera goûter des plaisirs encore plus variés.

De nombreuses populations d'animaux perdus, le globe entier bouleversé à plusieurs reprises, avec des preuves irrécusables de ces catastrophes terribles, se présenteront à vous dans toute leur imposante vérité.

A peine avez-vous traversé le premier vestibule, que vos regards sont frappés par une quantité d'échantillons de nos richesses minérales. Ces précieuses dépouilles, arrachées à la terre, ont été classées et étiquetées par Haüy; c'est la collection déterminée par ce grand homme, et la classification établie par lui. Cette collection unique a coûté quarante ans de travaux à son auteur; elle sert merveilleusement d'introduction aux galeries.

M. Biard a été chargé de représenter sur les parois supérieures des murs quelques-unes des grandes scènes des régions polaires : la chasse aux Morses, la chasse aux Rennes. Il est à désirer que ces exhibitions des divers aspects de la nature se multiplient et complètent par la vue ce que l'imagination du promeneur essayerait en vain d'inventer.

La porte qui fait face à la porte d'entrée est celle du petit Amphithéâtre où se professent la *Minéralogie,* la *Géologie,* la *Culture* et la *Physiologie comparée.*

Entrons maintenant dans la Galerie à gauche. Vous voyez ces trente-six gracieuses colonnes, placées sur deux rangs, par dix-huit de chaque côté, et soutenant la voûte vitrée qui éclaire cette salle. Eh bien, c'est ici que la Minéralogie et la Géologie ont établi leur domaine. Naguère encore, resserrées dans deux ou trois chambres de l'ancienne Galerie, elles y représentaient modestement l'état peu avancé dans lequel, comme sciences exactes, elles avaient langui toutes deux jusqu'alors. A présent leurs richesses sont tellement grandes que cette vaste enceinte les contient à peine.

Vous voyez la longue file d'armoires vitrées à gauche et à droite de la Galerie ; c'est là-dedans et sous les cages de verre qui sont au pied de ces armoires, que se trouvent les Minéraux, classés d'après leurs genres, leurs groupements, leurs associations habituelles ; en un mot, tout ce qui a rapport à l'Histoire naturelle de chaque espèce.

Les armoires des piédestaux des colonnes indiquent les nombreux usages de luxe ou d'utilité auxquels ces diverses substances peuvent servir : c'est la Minéralogie technologique et historique.

La collection de Géologie a une plus large part, comme étant celle des deux sciences dont le domaine naturel est le plus étendu. Ce sont d'abord les cages et les tiroirs de l'épine ou du milieu qui, avec les armoires des piédestaux des deux côtés de la Galerie ; lui appartiennent en entier ; les échantillons des terrains qui composent l'écorce générale du globe y sont rangés suivant l'ordre de superposition et d'après la méthode de M. Cordier.

En outre, on lui a consacré les deux Galeries élevées derrière les colonnes ; celle de gauche présente une classification méthodique des roches, et celle de droite une collection des débris organiques fossiles. Là se trouvent les restes de toutes les espèces, aujourd'hui perdues, que Cuvier a rendues à l'observation du monde savant.

6

La statue de ce grand homme, placée au centre de la Galerie, du côté méridional, est un juste hommage rendu à sa mémoire. L'artiste, David d'Angers, l'a représenté dans son costume de chancelier de l'Université, sondant d'une main les profondeurs du globe terrestre, et relevant l'autre vers le ciel comme pour indiquer que les découvertes les plus importantes et les plus imprévues de la science ne servent qu'à confirmer les textes de la Genèse et à ramener l'homme vers son Créateur[1].

Bibliothèque.

Le Muséum ne compte une Bibliothèque au nombre de ses richesses que depuis le décret de juin 1793, qui le réorganisa. Cette Bibliothèque est exclusivement consacrée aux ouvrages relatifs aux sciences naturelles, et se trouve ainsi destinée à

1. Nous renvoyons ceux de nos lecteurs qui désireraient examiner avec profit, dans tous leurs détails, les collections de Minéralogie et de Géologie, à l'excellent ouvrage de M. J.-A. Hugard, aide de minéralogie au Muséum. Cet ouvrage se trouve dans l'intérieur du Muséum, sous le vestibule même de la galerie dont il contient la description complète, analytique et raisonnée.

compléter, avec les cours et les collections, les moyens d'étude offerts au public pour cette branche des connaissances humaines.

Elle est placée dans le bâtiment neuf qui donne sur la rue de Buffon, et occupe tout le pavillon de droite divisé en deux étages. Sa disposition est aussi simple que bien entendue pour faciliter l'étude.

QUARANTE-QUATRE MILLE volumes environ, en y comprenant les dissertations isolées, sont réunis et offrent des matériaux aussi précieux que variés sur toutes les parties de l'Histoire naturelle; ils sont ainsi divisés :

HISTOIRE NATURELLE GÉNÉRALE. — PHYSIQUE. — CHIMIE. — MINÉRALOGIE. — GÉOLOGIE. — PALÉONTOLOGIE. — BOTANIQUE. — HORTICULTURE. — AGRICULTURE. — ZOOLOGIE. — ANATOMIE ET PHYSIOLOGIE HUMAINE ET COMPARÉE.

GÉOGRAPHIE. — VOYAGES. — HISTOIRE NATURELLE TOPOGRAPHIQUE.

ACTES DES ACADÉMIES ET SOCIÉTÉS SAVANTES.

JOURNAUX ET RECUEILS PÉRIODIQUES.

COLLECTIONS DE MONOGRAPHIES ET DISSERTATIONS PARTICULIÈRES. — NOTICES BIOGRAPHIQUES ET AUTOBIOGRAPHIQUES.

Mais ce qui est surtout remarquable, c'est la magnifique collection de peintures sur vélin qui a été commencée vers 1640, par les ordres de Gaston d'Orléans, pour la description des plantes rares les plus remarquables de son Jardin de Blois. Acquises à sa mort par Louis XIV, ces précieuses peintures furent d'abord placées à la Bibliothèque royale, puis transportées, en 1794, à la Bibliothèque du Muséum, dont elles sont un des principaux ornements.

Les premiers dessins furent faits par *Nicolas Robert*; puis *Joubert, Aubriet, Mlle Basseporte*, vinrent ajouter leurs travaux à ceux déjà acquis; enfin, et successivement, *P.* et *H. Maréchal, Bivereux, Oudinot, Redouté, Van Spaëndonck, de Wailly, Huet, Bessa, Werner, Meunier, Oudart, Chazal, Prêtre, Mlle Riché*, vinrent compléter cette iconographie sans rivale, qui compte aujourd'hui de cinq à six mille dessins, répartis dans quatre-vingt-quatorze portefeuilles.

Le nombre de ces dessins s'accroît chaque année, et les cours professés au Muséum encouragent les jeunes talents à se livrer à la reproduction des individus rares qui habitent la Ménagerie, ou des Végétaux qui fleurissent dans les Serres.

Un ordre parfait règne dans la Bibliothèque; les études y sont faciles : des tables et des pupitres sont disposés pour la lecture, ou les copies des vélins qui sont communiqués sous verre aux personnes qui désirent les reproduire.

La Bibliothèque est ouverte tous les jours, sauf le dimanche, de dix heures du matin à trois heures de relevée. Ses vacances commencent le 1er septembre et finissent le 1er octobre.

FIN.

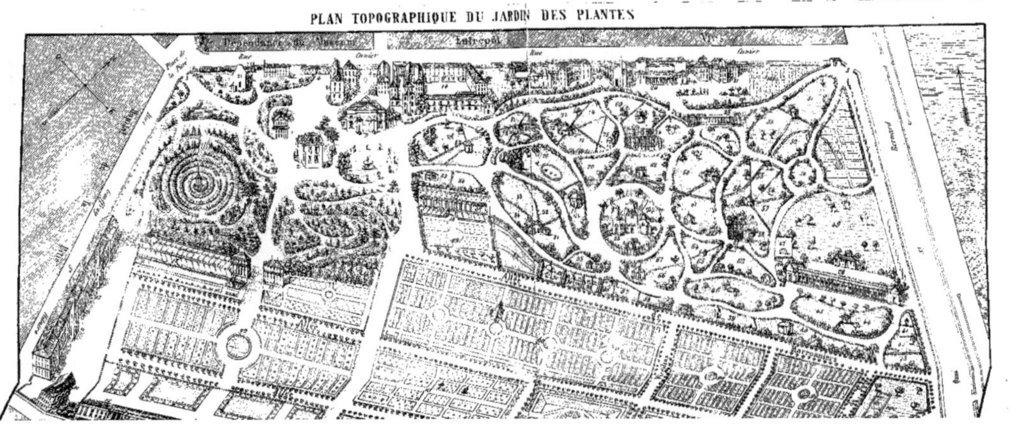

PLAN TOPOGRAPHIQUE DU JARDIN DES PLANTES

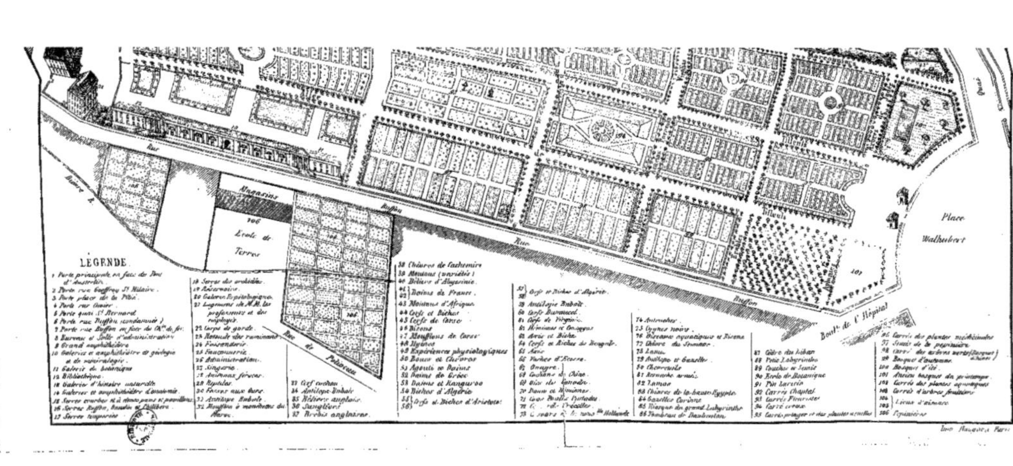

Place d.
Ménagerie
École de Terres
Rue Cuvier
Rue Buffon
Rue de Poliveau
Bastion
Place Walhubert
Boult. de l'Hôpital
Quai

LÉGENDE
1 Porte principale, en face du Pont d'Austerlitz.
2 Porte rue Geoffroy St Hilaire.
3 Porte place de la Pitié.
4 Porte rue Cuvier.
5 Porte quai St Bernard.
6 Porte rue Buffon (condamnée).
7 Porte rue Buffon en face du Chm. de fer.
8 Bureau et Salle d'administration.
9 Grand amphithéâtre.
10 Galeries et amphithéâtre de géologie et de minéralogie.
11 Galerie de botanique.
12 Bibliothèque.
13 Galerie d'histoire naturelle.
14 Galerie et amphithéâtre d'anatomie.
15 Serres couvertes et à étuve, pans et pavillons.
16 Serres Buffon, Baudin et Chillibert.
17 Serres temporaire.
18 Serres des orchidées.
19 Réservoire.
20 Galeries Erpétologiques.
21 Logements de MM. les professeurs et des employés.
22 Corps de garde.
23 Rotonde des ruminants.
24 Faisanderie.
25 Fauconnerie.
26 Administration.
27 Singerie.
28 Animaux féroces.
29 Reptiles.
30 Fosses aux Ours.
31 Antilope Bubale.
32 Mouflon à manchette du Maroc.
33 Cerf cochon.
34 Antilope Inhala.
35 Mélier anglais.
36 Sanglier.
37 Brebis anglaise.
38 Chèvres de Cachemire.
39 Moutons (variétés).
40 Béliers d'Abyssinie.
41/42 } Bœufs de France.
43 Moutons d'Afrique.
44 Cerfs et Biches.
45 Cerfs de Corse.
46 Bisons.
47 Mouflons de Corse.
48 Hyènes.
49 Expériences physiologiques.
50 Bœufs et Chèvres.
51 Agoutis et Daims.
52 Daims de Grèce.
53 Daims et Kangouroo.
54 Biches d'Algérie.
55/56 } Cerfs et Biches d'Aristote.
57/58 } Cerf et Biches d'Algérie.
59 Antilope Bubale.
60 Cerfs Daguet.
61 Cerfs de Virginie.
62 Hémiones et Couaggas.
63 Axis et Biche.
64 Cerfs et Biches du Bengale.
65 Axis.
66 Vaches d'Écosse.
67 Onagre.
68 Cochons de Chine.
69 Oies du Canada.
70 Daims et Hémiones.
71 Oies Poules Pintades.
72 C... de Sécailles.
73 Cygnes à longs cous de la Nelle Hollande.
74 Autruches.
75 Cygnes noirs.
76 Oiseaux aquatiques et Bisons.
77 Chèvre du Sénégal.
78 Lama.
79 Antilope et Gazelle.
80 Chevreuils.
81 Rennes armés.
82 Lamas.
83 Chèvres de la haute Égypte.
84 Gazelles Corines.
85 Kiosque du grand Labyrinthe.
86 Tombeau de Daubenton.
87 Cèdre du Liban.
88 Petit Labyrinthe.
89 Couches et Semis.
90 École de Botanique.
91 Pin Laricio.
92 Carrés Chaptal.
93 Carrés Fleuristes.
94 Carré creux.
95 Carrés potagers et des plantes usuelles.
96 Carrés des plantes médicinales.
97 Semis de la pépinière.
98 Carré des arbres verts (Bosquet à chênes).
99 Bosquet d'automne.
100 Bosquet d'été.
101 Ancien bosquet du printemps.
102 Carrés des plantes aquatiques.
103 Carré d'arbres fruitiers.
104/105 } Lieux d'aisances.
106 Pépinière.

Imp. Monrocq, Paris.

Depuis que nous nous occupons de la reproduction des anciens manuscrits, beaucoup de personnes nous ont demandé des feuilles de trait, avec l'intention de les colorier elles-mêmes à la main; mais la grandeur de nos pages les effrayait. Nous nous sommes décidé, pour répondre à ce désir, à publier un livre de format portatif, d'un usage journalier et facile, qui pût servir aux personnes qui veulent consacrer leurs loisirs à l'agréable occupation de l'enluminure.

Nous offrons donc ce livre aux dames et aux demoiselles, qui pourront, en sous-crivant à notre publication, préparer un autre livre analogue, qui deviendra le livre de mariage de la personne elle-même ou de quelqu'une de ses amies, et, dans cette prévision, nous donnons avec le texte de notre ouvrage, une feuille au trait pour l'enluminure.

Les feuilles *au trait pourront être remplacées tant qu'on le désirera;* le papier est COLLÉ pour recevoir le coloris.

Une instruction faite par un artiste très-compétent donne toutes les indications nécessaires pour la pratique de l'enluminure, qui peut se varier de telle sorte que les deux ouvrages, quoique identiques, deviennent complétement différents par la coloration.

La première livraison contient cette indication.

Imp. Poitevin, rue Damiette, 2 et 4.

www.ingramcontent.com/pod-product-compliance
Ingram Content Group UK Ltd.
Pitfield, Milton Keynes, MK11 3LW, UK
UKHW020943140726
13695UKWH00003B/1173